ADULTING

how to become a grown-up in 468 easy (ish) steps

Kelly Williams Brown

再忙也要用心生活

[美] 凯莉·威廉斯·布朗 著

冯郁庭 藤堂非 译

把奔波的日子，过成惬意的生活

北京联合出版公司
Beijing United Publishing Co.,Ltd.

与其在忙碌的世界里失去方向，
不如用心感受当下的生活。

保持干净的姿态
再忙也能微笑着生活

序

致中文版的读者

嘿！我是凯莉。

感谢你机缘巧合之下翻开了这本书，让居住在美国太平洋沿岸俄勒冈州的我和你在这个广阔的世界上有了一丝联系。

当我的中文版编辑让我为中文版的读者写一篇序言时，我一度非常纠结。因为这是一段不完整的对话，我不知道此时此刻阅读这段文字的你叫什么名字、居住在什么地方、你的生活又是什么模样。

我甚至很难想象，你会在什么地方阅读这段序言，是书店、网站还是咖啡店？又或者是在朋友的家里？

我对你一无所知。我不知道你的年龄，不知道你今天过得怎么样，不知道你昨晚梦见了什么，不知道你有没有为工作而焦虑，不知道你是不是已经遇到了喜欢的人，或是还在期待某天能遇到真爱，又或者，你还沉浸在一段旧日恋情中，无法自拔。

再来想象一下你的母亲？她说不定是世界上最完美的那个人，善良可爱，耐心地引导你，教你过好你的人生；但又说不定，她是一个噩梦般的存在，让你时不时头疼，总是在不经意间制造麻烦，对你挑肥拣瘦，让你的生活充满了焦虑？哈，大多数情况下，你们的母亲应该都属于中间的类型吧，既有可爱的地方，也难免会有一点小毛病。坦白说，我应该永远都没机会见到你的母亲。我很好奇，你们一般都是去哪儿购买日常用品的？你们一般都会买些什么食物？又有哪些东西你们是从来都没买过或者尝试过的？

这些生活中的细节，看起来互不相干，事实上却紧紧联系在一起，它们塑造了我们生活的模样，让我们成为区别于他人的存在。不管你是在中国还是在美国，不管你以什么方式生活着，不管你在为什么事情而操心，我们都一样，都身处一个忙碌的世界，都希望自己能努力成为更好的大人，过上更好的生活。

有时候，外面的世界会给我们很大压力。尤其是在手机如此普及、网络如此发达的现代，我们接收着来自外界的海量信息，花了大量的时间去关注其他人的生活，他们的生活似乎永远那么光鲜亮丽，对比之下，自己的生活似乎少了些颜色。

我们似乎很容易得出这样的结论：好像世界上的其他人什么都知道，什么都擅长，过得丰富又从容。但这些对我们来说，实在太难做到了！当其他人娴熟地提到某个事物（比如区块链和比特币）的时候，你完全不懂那到底是什么，甚至，在他们提之前，你压根儿就没有听说过。每个人都会遭遇这样的恐惧，尤其是在那些失眠的夜晚，这些自我怀疑的声音似乎就在你耳边回荡。

但我想说的是，这没什么！

没错，世界上总有你无法理解、并不擅长的事情，也总会有人在某一方面比你表现得更好。这是客观存在的事实，就像地球上有重力一样。但别忘了，这些也是客观事实：你拥有学习的能力；你可以在一件事情上不断练习；你可以通过完成一些小目标，让生活变得更惬意（至少看起来不那么混乱了）；你可以从容地度过每一天，然后明确地告诉自己接下去应该做什么。

当你开始以自己的方式用心过生活的时候，一开始的确会很难，但慢慢地，你会发现，你的生活会变得越来越轻松，越来越自如。

这些，都是我在这本书里想要和你分享的东西。

这本书已经在美国出版了一段时间了，我收到过很多读者的来信，很多人告诉我，他们曾经非常迷茫，不知道要怎么做才能在忙碌的世界里成熟地应对生活，但现在，他们不仅可以应对生活的种种挑战，更乐在其中，享受着生活的一切美好。很期待这本书也可以给你带来同样的改变。

这本书里有很多实用有趣的小建议，有的或许和你当下的生活无关，如果是那样的话，就愉快地跳过那些步骤，直接跳到你想知道的信息吧！

虽然很遗憾，我无法和你面对面地聊天，但我依然真诚地想要告诉你：不管你是一个什么样的人，你都比你自己想象的更为强大。就算你现在过着紧张、忙碌、迷茫、失措甚至混乱不堪的日子，你也要相信，只要你用心，你一定能过上更好的生活。

请相信，你比你想象的更强大。你值得更好的生活。

凯　莉
2018年3月于俄勒冈州塞勒姆市

目
录

献给芭芭拉、乔尔和芭芭拉

在忙碌的世界里，
学会成熟地照顾自己

　　怎么会这样？不知不觉中我们一天又一天被时间推着走，某天发现自己是个大人了，对很多事却依然懵懵懂懂，搞不清楚，还没学会怎么当大人的我们，只能靠自己慢慢摸索，跌跌撞撞地前行。

　　大多数人的内心都有这种深刻的感受，对未知的生活感到彷徨不安，无论如何用心准备、如何小心翼翼地过日子，人生总是无法预测又时常失去控制，就宛如鱼缸中的鱼，因为忘了缴水费而要面对无法悠游水中的日子，生活岌岌可危。

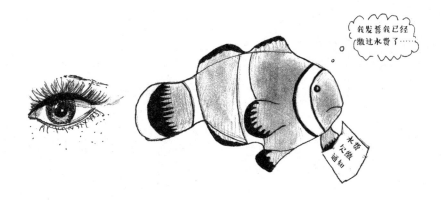

　　我发誓我已经
　　缴过水费了……

水费
欠缴
通知

我们也总是羡慕别人，他们似乎从来都不会担心领口露出脏兮兮的内衣肩带，或是下眼睑蹭到睫毛膏而出现污点。这的确让人愤愤不平：为什么这种事只会发生在我们的身上而不是他们？似乎好事总是发生在别人的身上：他们或是住着美丽的房子，或是拥有优渥的工作，或是交往着成熟体贴的好男友……我们欣羡着别人所拥有的一切，却忘了好好珍惜自己所拥有的。

没有人是完美的，你所羡慕的那个人可能是个"月光族"，或是对烹饪毫无头绪，也有可能对汽车维修保养一窍不通，以至于常常忘了换机油，车子总是在半路抛锚。当你羡慕着别人的时候，或许对方也正羡慕你啊！

我们总是能清晰地说出自己的缺点和不足。每个人都有无法做到的某一件事——比如让自己的房子保持干净，或是在工作的时候不那么害羞、拘谨，又或是让自己的信用等级高一点——但我们往往会放大这些缺点，把它们列在"如果你要当一个成熟的成年人，你就必须擅长这些事"的清单的第一位。我们不会在意自己做得好的十四件事，却只记得自己做得不好的那一件事。

在长大、成熟的过程中，总有一些事对我们来说是容易的，而另一些事则不是。当我去询问人们关于某件事的建议时，他们会说："嗯，这件事看起来可能很简单，不过……"他们不好意思告诉一个已经二十七岁的提问者，这是一件简单的事。因为对他们来说显而易见的事，对另一些人来说，则完全不是如此。

举例来说，我很不擅长打扫房子。我擅长很多事情，但就是不擅长发现地板缝隙里的灰尘。事实上，我可能连地板上的缝隙都发现不了。对我来说，它们是完全不存在的。所以，就算我在其他方面（比如写感谢卡的技巧什么的）再熟练，我也需要学会像其他人那样打扫房子。为了提醒自己做到这一点，我至少每周都会做一次清扫。

大人的行为都是一点一滴学习累积而成的，每一个小小的发现和决定都可以帮助你勾勒出未来的模样。请试着逐渐养成生活中的好习惯，虽然这些琐事并不有趣，但若是做到了，你会很有成就感，也不会常常感到生活一团糟。

生活中你无法掌控的事情实在太多，你无法控制国家经济，也无法完全决定自己的感情状态，更无法预测你养的猫咪什么时候会在地毯上呕吐。（这小家伙究竟吃了什么才会吐出那种颜色的毛球？）但读完这本书你会知道，世界上依然有很多事情是你可以控制的，有很多选择是可以由你来决定。只要你愿意，外面的世界再复杂，你依然可以拥有你想要的生活。

许多看似大家早已知道的道理或技能，并不是每个人都清楚，若你还不会，别觉得自己太笨，不会缝扣子不是世界末日，只要慢慢学习，补足自己欠缺的能力，就会渐渐感觉自己越来越强大，足以应付许多突发状况。试着将本书的步骤化为行动，在生活中实践，这些生活技能或观念一定会对你有所帮助。

我尝试着传达的理念就是，"大人"不只是个名词，更是个动词。而生活中所做的每个小决定，最终决定我们成为什么样的大人。你不可能每次都做出最正确的决定，但你可经过练习，或是事先理解其中的小技巧，让你事半功倍，降低出错的概率。本书分享的是一个成熟大人的概念，但不是要你成为一个完美的人。在忙碌的世界里，学会成熟地照顾自己。就像小朋友跌倒了要勇敢站起来，大人做了错误的抉择，就勇敢地面对它，继续向前。

■ 你脑海里可能浮出的一些疑问

问：我已经是个大人了，为什么还要学会成为大人？

答：决定你是不是一个成熟的大人的标准，不是年纪，而是取决于你的行为和态度。即使已经是个成年男子或女人，有些人还是没有大人该有的行为及态度。

问：你是谁？为什么你想写这样一本书？

答：我是凯莉，在一家报社当记者，现已年近三十，我得承认，我不是个十全十美的大人，还在摸索改进中。有时候会被催缴电费，一忙起来，厨房水槽也会堆满脏碗盘，忘了清洗。

前阵子，我和我的好朋友鲁思聊天时，她建议我写一本这样的指南。写这本书的过程中，我脑中时常浮现出那些堆积在水槽中的碗盘、让人崩溃的混乱景象和所有让我陷入痛苦、低落情绪的琐事——我也常常无法像个成熟大人那样处理事情，我根本没资格告诉大家要如何过生活。

但是，我并没有因此放弃。毕竟我是个记者，我的工作就是去找到那些聪明人，向他们寻求问题的答案，并把他们说的专业知识变成所有人都可以看懂的东西。那么，我为何不把这本书当作一个新闻选题来构思呢？

本书就在这种情况下慢慢成形了。我花了六年的时间去发现自我和探索答案。这本书里有很多我自己的经验，更多的是我向其他聪明的大人学到的智慧。书中可以看到很多为这本书做出贡献的人的名字，也有很多人只想要分享想法而不想要留名。还有一些内容，可能是我在酒吧遇到的某个陌生人告诉我的智慧话语，即使我记不得或是根本不知道这些人的名字，这些话仍让我受益良多，我都谨记在心。

问：要学会用心生活、成熟地照顾自己，要一次做到全部步骤吗？这么多！太难了吧！

答：当然不需要。这些不是用心生活的唯一标准，若你对本书提到的步骤毫无兴趣，或是这些步骤对你的人生不适合，那也没关系，你当然可以活出自己想要的人生！

　　就算你要按照这本书的指引去做出改变，你也不要以为所有的目标都应该在一夜之间实现。书中的很多步骤你可能已经完成了，有一些步骤或许你永远不需要去做。这本书的重点，不是让你对不能做或是没有做的事感到愧疚。你应该为你已经完成的每一件事感到骄傲，为你能够解决的每一件事感到自豪，但你也应该了解，世界上总有一些事情对你来说是困难的，甚至有些事情你努力了也无法做到。这本书的重点是，就算我们所处的世界又复杂又多变，我们依然有能力掌控自己的生活。有时候，人们正是在假装成熟的过程中真正长大的。无论你是一个什么样的人，你都可以成为真正的大人。

■如果你是正在看这本书的男生

　　你好！真高兴你也阅读本书，本书大部分的建议都不分性别，但是，确实有些特别的建议更适用于女生，譬如产前维生素，你的确不需要。我不希望你们觉得被冷落了，别担心，本书大约有85%的内容都和男生有关。若你认为某些步骤不适用于你，就跳过吧！不需要多琢磨，或是你也可以看看，多了解女生的小问题也无妨。

一点小讨论

（1）如果你要为那些蹭在下眼睑上的睫毛膏污痕取一个名字，下面两个名字你觉得哪个更合适？小恶魔的胡椒粉，还是失败的斑点？

（2）有时候别人已经注意到了你的缺失与不足，他们提醒了你，你为了爱面子，假装你已经知道了，但其实你根本不清楚问题所在，更不知道该如何改正，你有没有发生过类似的情况？

（3）长大成人后，你遇到过的最大的挫折是什么？

你的思维方式
决定了生活的质感

- 你并没有那么独特
- 避开羞愧感的"回力镖"
- 最简单的解释往往就是真相

本书所叙述的步骤，大部分都是非常实用的。不管是如何擦拭柜子，或是如何跟脾气差劲的男友分手，都可以在书中找到对应方法。但想要真正变成大人，只有想法，没有行动，是无法达成目标的。

我们现在就把话放在前面：有目标是好的开始，但如果没有实践心中的目标，你的人生就不会得到真正的改变。举例来说：如果你想寄给别人一张感谢卡，却没有将感谢卡寄送出去，其实就跟从未想过寄送感谢卡是一样的，因为对方根本感受不到你的心意啊。

没错！把目标化为行动会更有意义。但在开始行动前，还有几件事是你需要明白的。

1 你并没有那么独特，请接受这个事实

如果想要有所成长，承认你并不独特实属必要，这是最重要却也最难的一步。你不是什么特别的人物，你并非美丽且独一无二的雪花，你跟其他生物同样是有机物。

2 真心感谢那些认为你非常独特的人

对某些人来说，你的确是独特的。譬如你的父母，因为他们非常爱你，所以一心认为你是世界上最有魅力、最有天赋的人。你的朋友跟你所喜爱的老师，或是和你患难与共的人应该也如此认为。若发起一个关于你的花车巡游典礼，这些人将无条件支持你，自愿担任旗手、鼓手以及鼓手队长等。相对地，他们需要你时，你要给予相同回报。我们必须珍惜这些认同我们的人，因为在残酷的现实生活中，大部分的人根本懒得理你。

3

当你觉得被整个世界抛弃时，请不要感到受伤

其实也不要太悲观，世界上没人与你为敌，只是有时候没有注意到你，可能是你的渴望与需求、偏好或忌讳没有受到重视，等等。你一定有机会到一个新的环境，不管是走进一间新办公室，还是到陌生的城市和国家，一切将从头开始，你会失去朋友照应和父母保护的舒适圈；你也会遇到一些友善的人，但这种幸运时刻并不多。独立之后，该遇到什么样的人，又会有哪些令你喜爱和尊重的人围绕在你身边，都取决于你。

只要你值得关注，你就会永远是大家的目光焦点。别指望所有人会像你父母那样给你无私的爱，也别期待所有人都如同你最好的朋友般给你情感上的支持，他们更不可能像你七岁时的足球教练，总是鼓励你，给予正面的评价。他们没必要这么做，除非你值得，但更残酷的现实是，即使你值得，他们也不一定会在乎你。

4

你其实没有想象中那么伟大

进入社会前，你应该会有不少的设想，也许是能够轻松地赚大钱，或马上成为位高权重的高阶主管。但美好的想象很快就落空了，你遭受极大的打击，只因《纽约时报》没有主动提供一个好职位给你，而是要你去密西西比州的乡下做小记者。另一种情况是，你从法学院毕业后，预想着将在南方贫困地区法律中心的非营利组织替弱势群体发声，实际上只能在一个小城市影印诉状书。毕业后的人生新页将如何开展，仍不免经历一番挫折。

因此，无论你身在何处，请接受自己在社会上的微不足道。这并不可耻，也不代表你整个人生的失败；这代表你已踏上了成长之途，这是成熟之人的必经之路。一旦你开始向前走，途中的所有经历都是他人带

不走的甜美果实，而只属于你自己。一旦踏出了那一步，你父母的身份地位和财富多寡将与你无关，你必须开始养活自己，命运由自己掌舵，你将深刻体会到人生并非一帆风顺。

5 / 给自己设定一个有挑战性的目标，但不要好高骛远

我必须承认，我从未有条不紊且一丝不苟地收拾家里，所以也不用看着那些居家收纳达人的博客，而对自己感到失望。

只有接受人非万能的事实，才能在成长的过程中调适得好。人生中多少会有不如意之事，我们应在自己能力范围内尽己所能，并在达到目标后，为自己感到骄傲，而非钻牛角尖地苛求自己。

6 / 尽情享受你喜爱的事物，不需要有任何羞愧或怀疑

我可以不管别人的眼光，说出我喜欢歌手布兰妮·斯皮尔斯和时尚品牌 Forever 21，也可以佯装自己不在乎那些我喜欢的事物，说出昧着本心的话来贬低不同的文化。

但我就是喜爱那些看似没用的舞蹈、流行音乐与服装啊！所以，不需要因为你的个人品味而感到不自在或怀疑自己，忠于本心，择你所爱，爱你所择。

7 / 避开羞愧感的"回力镖"

我将"羞耻、焦虑、痛悔、惧怕以及各种厌恶的情绪"统称为羞愧感。

羞愧感通常是这样发生的（回力镖的路线）：

引发羞愧感的事件→不好的情绪→遗忘或暂时分散了注意力→羞愧感如同回力镖般再次浮现脑中→更糟的情绪持续一整天

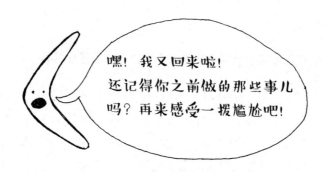

网友埃米莉提供了解决这个恶性循环的绝佳办法：

◆ 第一，承认并正视问题，且尽可能地尝试解决或修正。

◆ 第二，想办法避免同样的错误再次发生。

◆ 第三，找一句最能安抚你的"咒语"，比如"一切都会平息，我不会再重复这种错误"，当羞愧感如回力镖般再现时，不断在心中对自己默念这句话；或者你也可以用其他方法分散注意力，比如为三只想象中的暹罗猫取名字。

埃米莉只提出了前面三个步骤，所以我新增了最后一个步骤：

◆ 第四，别犯同样的错误！但如果同样的错误一再发生，请认真检视自己的行为以及思考可能的原因。

8
分清哪些是你能改变的事、哪些是瞎操心

悲伤情绪辅导员苏珊·格尔贝格教了我这个方法，有助于人从焦虑

和极度痛苦的情绪中平复。

不管是极小的琐事（为什么我的那一小撮刘海儿永远吹不直）还是攸关世界动向的大事（全球暖化怎么办？人类要灭亡了），许多担心和焦虑都是不必要的。

真正重要的是那些切合实际的疑虑，只要你专注于你能够有效处理的问题，努力去改进，结果就会有所不同。例如：我的房间一团乱，我还没找到满意的工作……如果事情总是失控，人难免会灰心丧气，关注那些你有能力控制的事情，则会让你心情稍微舒坦，重新找到自信。

你关心的事

9
明白世界上的很多诱惑都是短暂的

你会遇到很多吸引你的人和事物，但并不是所有东西都是值得你长期投入的。分辨出哪些是出现在你眼前的短期诱惑，就可以尽早与它们做个了断。比如下面这些都是典型的短期诱惑：

◆ 不适合你的男朋友。尽管你现在非常爱他，但你心里清楚他并不是能和你共度余生的那个人。

◆ 抽烟。

◆ 看不到提升空间的工作。你没必要在职场上不断踩着别人往上爬，但工作一成不变也太乏味了。大部分人还是希望自己的工作能有持续的挑战性和加薪空间的。

◆ 酗酒。如果你酗酒，赶紧戒了吧！越早开始戒酒越好！请注意这一点，二十几岁时，大部分的人都有豪饮的经验，但随着年岁增长，受身体的自然机制影响，宿醉的情况只会越发严重，整个晚上及隔天起床都会非常难受。尤其是三十五岁以上的人，应避免喝酒喝到凌晨三点，宿醉之后，很容易把生活搞得一团糟。如果你随着年纪增长，依然故我，越喝越多，那后果请自行负责。

10

你可以自在地独处

别害怕一个人吃午餐、等公交车、购物或参加派对。大家看你一个人时，你总觉得他们心想：那个女生怎么会没朋友呀，好可怜！哇！她以前到底在干吗？连一个可以照顾她的人都没有。

其实他们真正在想的是：我有没有记得关掉直发器？劳拉在哪里？她应该到了吧？真讨厌"漫步者"那款车，大家难道不认为这种车子很像巨型的丑陋茄子……（还有其他奇奇怪怪的念头，但基本上都和你无关，没有人在意你是否一个人出行。）

后半辈子我们都会不断经历独自一人的时刻，及早学习享受一个人的自在吧！独自一人可以处得很好，也没有这么可怕，并不需要因此坐立难安，急于寻找别人来陪伴你，不再沉溺于无意义的闲聊，这样也不错。

11
当你遇到问题时，先确定问题的重要性

如果有某个问题困扰着你，忧虑萦绕心头，请想想六个月后这个问题是否还存在。大多数问题应该都早已解决或随时间而被淡忘，一般都不会超过六天或六分钟。如果答案是否定的，六个月后这个问题早已失效，那我现在就会放下疑虑，继续向前走；如果答案是肯定的，依然必须向前走，但至少你已经为此做了一些心理准备。

12
别想那么多，最简单的解释往往就是真相

我是一个对可能发生的意外和医疗风险极其敏感的人。我总是会把事情往最坏的方向去想，比如我得了个小感冒，我就开始担心自己得的会不会是流行性脑脊髓膜炎——天哪，我会不会死？！

我想象着大家会如何为我的死去感到悲伤，正值青春年华的灿烂生命就这样消逝，大家会多惋惜，他们会在葬礼上如何形容我的人生？……这些漫无天际的忧虑总是在我生病时浮现脑中，当我从那些极其轻微的小病痛中康复后，慢慢也就忘了那些可怕的想法。但等到下一次生病时，我的恐惧循环又开始了：我不只是头痛，应该是得了脑癌吧？要不然就是脑中长绦虫了！

还有一次，我手臂被蚊子叮了，似乎有些感染，我很快就把这件事和前几天CNN（美国有线电视新闻网）报道的耐抗生素噬肉菌的事情联系在一起了。我教父是位医生，我急忙打电话跟他确认，是不是要赶快去急诊。

我聪明的教母先接了电话，她说了一句话，这对我往后的生活非常受用。虽然是在这种情境下讲的，但这句话其实适用于各种情况，她说："如果你听到了奔跑腾跃的声音，别怀疑，那不是斑马，就是马而已。"

意思是说，大部分情况下，最简单的解释，就是最接近真相的那一个。

所以，当你又无缘无故地大惊小怪时，这种思维会帮助你减少不安与恐惧，与其用复杂的"斑马"想法来吓自己："老板今天早上好安静，该不会下午就要把我开除了吧？"不如用最简单的"马"的想法找到真相："她可能就是累了，要么就是在忙。"

13
了解"自然后果"，得一次教训学一次乖

"自然后果"是一种常被运用于育儿的概念，意指行为本身会导致一个自然的后果，此结果是孩子事先未知的，但孩子可以从此自然后果的经验中，学会预期结果，控制他们之后的行为。譬如小朋友玩火烫到了之后，他以后就不会乱玩火。

父母的处罚无法改善孩子的偏差行为，只会让他们的自尊受伤，孩子其实会自己从自然后果中学习。大人也可套用自然后果的逻辑，我们都知道把钱挥霍完了，就没钱再和朋友出去。发展出办公室恋情的自然后果，就是开会坐在对面时，很容易因为他的一举一动、穿着打扮而分心等。

遇到这种情况，我总会在心里呐喊："这就是自然后果！"经历了一次自然后果，我就会谨记可怕的教训，绝不会让它再次发生。

14
请记得，无论世界如何失控，你至少能够用心生活

长大之后，是否要每天整理床铺（请见第33步）、何时要补充家里的纸巾，都由你自己决定。小至整理床铺，大至居家环境的整洁，不再有人替你处理，只有你能为自己负责。许多身外之物都由不得你，但你至少可以保持自身健康以及维持生活环境的整洁样貌。

15
必要的时刻，面对镜中的自己，听听心里的声音

听过歌手劳·凯利的《说真的》（*Real Talk*）这首歌吗？"说真的"在这首歌中的意思是，说出内心真实感受。我们都需要倾吐内心的情绪，不一定要像劳·凯利那样借由歌曲向全世界的人发泄，你只需要面对镜子，面对你自己。

可能会有点不习惯，但如果能够每天对着镜子，直视自己的眼睛，大声地说出内心话，一定会有意想不到的效果。直视你内心的恐惧，在现实生活中，才能够无所畏惧，不再逃避。这个方法也是提醒你，不管谎言或实话，除了对别人说，也不要忘了和自己的内心沟通，听听内心的声音：

"这段关系应该做个了断，不要再牵扯不清了。"

"不可以在这种工作场合哭出来，这样显得不够成熟，还是去洗手间洗把脸，花个一分钟冷静一下，自信地回到办公室据理力争。"

"不要只自私自利地关注自己的需求，而忽略了别人的需要。"

请记得，深度内心谈话的目的并不是要你严厉地苛责自己，而是去了解自己，面对自己。

16
发生了任何错误，千万别因为害怕受责骂，而急着推脱责任

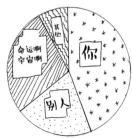

如果不好的事情发生在你身上，是谁的责任？

其他
命运啊宇宙啊
你
别人

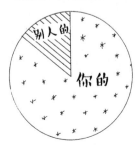

你能从谁的失败教训里学到经验？

别人的
你的

重点就是，当你着急地为自己开口辩解之前，先想一想，从你搞砸的这件事上，你能学到什么经验教训。

17 / 做一个付出者，别只会当"伸手党"

在长大的过程中，我们的价值观会慢慢从"自我导向"变成"他人导向"，开始顾虑到别人的需求和感受。小时候，所有的人都愿意给我们无尽的爱且不求回报；长大后就不同了，如果你还是像小时候以自我为中心，永远不会受他人欢迎。

一点小讨论

（1）你最糟糕的一次羞愧"回力镖"经历是什么？

（2）你有没有认识这样的一个人，他们虽然不那么与众不同，却让你印象深刻？

（3）如果你有一只宠物斑马，你会怎么给它取名字？你可以从这些小可爱的名字开始动脑筋：埃德温·布鲁斯特、小条纹、凯伦、小酱菜或小跑马。

当你只剩下
最后一卷纸时

- 今天能清理的别拖到明天
- 丢掉悲伤的纪念品
- 不要被搬家吓倒

当你用完了最后一包厕纸，震惊地发现没人会来帮你补充时，恭喜你，你终于踏入成年人的世界了。以前总觉得厕所的卫生卷纸就是取之不尽、用之不竭的家用品！现在却不是这样，常常不知不觉就用光了，就如同濒临灭绝的动物，需要时时用心地追踪和监控。

厕所的卫生卷纸只是其中一个小例子，各种家用品都是如此，无数小细节需要处处留意。如果没有添购，冰箱不会凭空冒出食物；如果你不去擦桌子，桌面就会渐渐布满灰尘、脏乱、黏腻；如果你养的猫把死掉的麻雀拖到卧室的地板上；如果你的抽水马桶堵住了，没人管……这种画面你敢想象吗？

虽然有点夸张，但不整理的下场确实是如此。很多人都懒得处理浴室中的蜘蛛网，等蜘蛛结网的密度达到它可以爬到你耳朵上产卵时，他们才愿意乖乖清理。即使放在冰箱的西红柿酱不小心流得到处都是，还凝固成难以消除的红色块状物，也不会有人好心提醒你，更不可能帮你清除脏污。喝了一半的啤酒瓶摆在那里已有一段时间，散发难闻的气味，以及狂欢后留下的空虚气息，直到你清空且回收了成堆的酒瓶后，气味才逐渐消散。

虽然有如此多的悲惨情况，但也没那么糟：世界各地约有数十亿的人马马虎虎地生活着，不怎么在乎他们的生活环境，但也不至于过不下去或影响别人，大部分的人还是能安然无恙地过着，你也不难成为其中之一。但是，你有98.5%的机会可以有更好的生活质量，至少你不用时常担心上厕所上到一半，发现家里的卫生卷纸一张也不剩。最好平常就做好以下这些准备。

一次大量购买厕所卫生卷纸

当然，这是一条非常具体的建议，但这条建议的价值可以扩展到整个章节。毕竟，卫生卷纸是每个人每天几乎都会用到的东西。所以，让我们来看看下面的示意图：

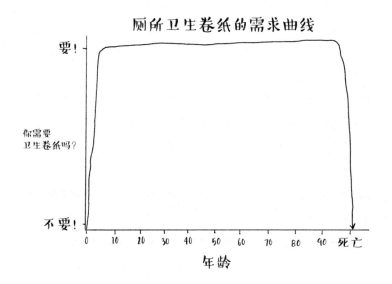

谢天谢地，厕所卫生卷纸的有效期限长，不容易坏掉（不然卫生卷纸一天到晚腐烂长虫，多恶心），所以一次性大量购买也不用担心。一次性大量购买的好处可不少，不只可以省钱，让你不必一天到晚跑大老远去购买，还能确保你不会在凌晨五点急着解手时，遭遇没有卫生卷纸的窘境。当然，就算你一次性大量购买厕所卫生卷纸，你也不用担心店员会因此觉得你经常拉肚子——没什么好难为情的！试试看吧！

现在，在家务处理的领域里，你最重要的第一步已经正式踏出了。让我们接着去寻找一个属于你的地盘，然后开始研究如何装饰你的房间、如何打扫清洁以及如何炫耀你即将获得的超强家务处理能力吧！

租到适合你的好房子

如果你住在曼哈顿或者旧金山这样的城市，那你可以直接跳过这一步——住在这些城市的人已经很幸运了，要找到一个愿意租给你一个小房间的人并不难，还不需要你交付那么多的押金。但对其他人来说，租房子并不是一件容易的事，你可以选择的房子并没有那么多，那么，在挑选适合的房子时，这几点你就要特别注意：

◆ 热水：还记得我妈第一次在我的出租屋里冲澡时淋浴花洒喷出的可怜水量，让她感觉像个八十三岁老人尿到了自己身上。所以，千万记得第一时间检查浴室的花洒，确保有足够的水压让它正常出水，这样才能让你入住后每次洗澡都能舒服畅快。除此之外，这间房子里有热水供应吗？水温是否稳定？还是会忽冷忽热？这些都是要注意的问题。

◆ 安全：看房子不要只看一次，最好是白天一次，晚上一次，周末或者其他时间再去看一次。观察房子周边的环境，确保你入住之后的所有时段都是安全的。

◆ 噪声：确认附近有没有消防局？铁路？或是那种社团活动丰富的学校？想象下，如果你家周围有群孩子每天不知疲倦地排练铜管乐队的曲目，你会不会被这些噪声给逼疯？

◆ 管理：了解你未来的房东是什么样的人。他提出的租约是否大部分都合理？房东通常会有些烦人，在合理的范围内，不必撕破脸，但也别让他们太得寸进尺（小心那些歇斯底里的人，详见第123步）。你可是要和房东签一份长期的法律合约，为求谨慎，如果可以，先向其他房客打听下房东是什么样的人。毕竟，一旦你与房东发生合约纠纷，考虑到房东往往是有钱人，又请得起好律师，所以你基本上没有赢的希望。既然房东都是生意人，那么至少确保他是那种你愿意谈生意的对象。

◆ 电力：务必检查所有电灯开关，如果房东允许，试着用手机充电看看，确认插座都没问题。别像我朋友，出租屋里有十四个插座，却只有两个能使用，其他十二个似乎只是"装饰"，真惨！除了确认可用插座的数量，也要知道插座的位置是否实用。习惯在浴室吹头发的人，先确认浴室有没有插座。不知道你有没有发生过这种惨剧，床头灯和插座距离太远，电线只能拖在地上，一不小心就会被绊倒。如果卧室多设置几个插座，就能解决这种问题，所以找房子的时候就要多注意插座的位置。

◆ 衣橱与储藏空间：房子里有衣橱和储藏空间吗？有些老房子的卧房没有衣橱。最理想的情况是，除了卧房有个基本的衣橱，其他房间里还有一个可以储物的大柜子。当然，请不要学我这个坏榜样，无论有多少个柜子，总能把它们搞得像被炸弹炸过一样。

◆ 设备：是否有洗碗机和洗衣、烘干两用机等家用设备？① 也许房租会因为这些设备而增加，但如果你是个非常讨厌洗碗的人，洗碗机会是你考虑的一大重点。如果房子里留有洗衣、烘干两用机的专用插座与管道，也不要因此觉得自己应该去买一个来配套，除非你真的有能力负担这个花费。

◆ 便利性：你的家具有办法顺利地搬上楼梯并送进你的房间吗？② 如果有一些大型或奇形怪状的物品需要搬运，请随身携带卷尺，买任何家具前都先测量一下。

◆ 宠物：如果你有宠物，请事先询问房东房子里是否可以养宠物，绝不能为了住进高质量公寓而弃养宠物。

◆ 油漆：墙壁可以刷油漆吗？如果在退租之前把墙壁恢复原状呢，房东能答应吗？一般来说，房客通常要先付押金，以及第一个月和最后一个月的租金③。务必详阅合约，并将你签署的任何文件都复印一份留存，了解要提早多久告知房东退租时间，一般提前一个月用书面或电话告知，就不

---

① 编者注：在中国租房时，可以看看有没有空调和洗衣机，住在北方的人务必记得检查屋子里有没有暖气。

② 编者注：如果你住在高层，有没有电梯对你的生活影响很大，想想你的快递和外卖吧。

③ 编者注：中国的情况，一般是先付押金，并提前交付一个或几个月的租金，俗称"押一付一""押一付三"等。

会有问题。

20

做个好房客

只要你准时付房租，你就已经达到90%的好房客标准了。其余需要注意的是，如果房子有任何问题，务必及时提醒房东，尤其是有关动土、配管工程或其他会影响或破坏房东财产的严重问题。房子还是房东的财产，不是付了房租就可以随心所欲，还是应该互相尊重。

好好爱惜房间里的硬木地板，学会填补你遗留在墙上的钉孔。学会尊重和爱惜，不只是长大变成熟的最佳表现方式，说句实在话，这样做才能取回全数押金呀！

21

学会如何填补墙上的钉孔

若你的房间用的是常见的干式墙①，修补墙面其实轻而易举，但墙面材质是灰泥浆的话，可就没这么容易了。假如不幸租屋的墙面材质是灰泥浆，尽量小心一点，别在墙上弄出坑坑洞洞了。别忘了，优兔（YouTube）视频网站绝对会是你的好帮手。至于前面说到的干式墙，修补方法如下：

先去五金行买油灰刀、砂纸，如果只是小坑洞，可以加买一些粉末状填泥料，对付那些更顽固的钉孔，就需要使用黏稠度高的接缝填料，也称为石墙泥。把一些填料放进密封袋，剪开一小角，大小以能够放入一根管子为准。挤出些许填料至坑洞上，用油灰刀抹平，尽可能地抹均匀。等候

---

① 编者注：干式墙和后文中的灰泥浆墙都是美国常见的建筑墙体类型。中国的墙体一般在水泥基础上打一层泥子再刷乳胶漆，如果你的墙上有坑洞，你也可以上网搜索相关视频，尝试学习自己修补。

填料完全干燥，再用砂纸将墙面磨至平滑，最后重新粉刷油漆。如此，你的墙壁就焕然一新了，你不说，一定没有人会知道那里曾经有过坑洞。

22
要确认油漆的颜色，可从墙上取下一小片当样本

如果你要还原原来的墙面颜色，最好取样给油漆店作参考。不过只能在非常不起眼的地方取样本，不然后果可不堪设想。做法是用螺丝刀轻轻剥下一小片油漆，拿去油漆店或者家居用品店，他们能够扫描并分析出相符的色值。

● 你终于搬进了新房子！然后呢？

现在，你终于有了一个住的地方。一个空无一物的大房子。

我刚搬进新家的前几个月，并没有什么像样的装修计划。我没想好要怎么布置我的房子。反正也是一个人住，我就省了买衣橱的麻烦，直接把衣服堆在了地板上。必要的时候，堆砌的脏衣垛还能成为我的坐垫和靠垫。反正我也没有一个真正的沙发，只要我眼睛一闭，就可以假装自己躺在一个非常扁平的懒人沙发上。

不用说，这样的"装修"让我感觉自己过得又邋遢又疯狂，生活简直是一团糟。所以，不久之后，我找了一位有小货车的同事，载我去商场买了六听啤酒和一堆家具。虽然现在想起来有些不好意思，但从那天起，有客人来拜访时，我终于能骄傲地请他们坐在真正的沙发上了！

所以，结合我的教训，我建议家里至少要准备下面这些家具：

- ◆ 厨房和餐厅：小桌子与至少两把椅子。
- ◆ 客厅：沙发、书柜或书架、矮茶几。
- ◆ 卧室：床、床头柜、衣橱。

当你已经解决了不让客人尴尬地坐在衣服堆上的问题时，你还可以考虑添置这些家具：

◆ 客厅：书桌、双人沙发或单人休闲椅、小桌、可以放电视机的地方（对，不是那个装电视机的纸箱）。

◆ 卧室：梳妆台、第二个衣柜（如果你的衣物特别多的话）。

◆ 浴室：假如没有任何收纳空间，可以买一个储藏柜。

23 / **寻找物美价廉的家具**

从慈善二手商店（比如Goodwill）、二手商品网站（比如Craigslist）、车库二手拍卖或是父母的朋友那儿，都有机会买到物美价廉的家具，不过要注意一点：你是否有办法把这些家具运送回家？二手家具或是别人送的家具通常不提供运送服务。假如你不介意和所有朋友的家具撞款，宜家家居绝对非常适合二十几岁年轻人添购家具或家用品。

购买前则有几点须知：买二手家具得特别注意质量，轻摇看看是否坚固，碎木板材质并不耐用，木制家具的木板越厚实越好。买之前先用卷尺测量是否能顺利通过你家的大门，也要想象一下是否会出现小房子放进大家具的突兀感。如果住在臭虫多发的地区，尽量别买二手软垫材质的物品，后果不堪设想。

• 怎么着手布置你的新房子

很多人对房子该如何布置毫无头绪。我朋友卡罗尔就没有这样的烦恼，她家可能是我见过装饰得最好看的房子。卡罗尔的秘诀是，如果你想找最合适自己的家居风格，你可以从自己的穿衣风格上找找灵感。你可以先问问自己，你平时是喜欢穿色彩鲜艳的衣服，还是素淡的中性风？是喜欢华丽的复古风，还是偏爱极简主义？试着把你喜欢的穿衣风格用在你的家居上，住在这样的房子里，你一定会觉得看什么都顺眼，当然不会出错。

如果你不知道如何踏出装饰房子的第一步，这里还有一个有用的小建议：先挑选一样你特别喜爱的家居单品，然后再渐渐添置其他和它风格搭配的物件。我妹妹非常喜爱一个古朴的浇花小喷壶，每当她使用这把小喷壶，都能产生一种奇妙的联想。她会想象20世纪50年代某个古怪神秘的老太太就拿着这样的一个小喷壶给她的兰花浇水。因为我妹妹太钟爱这把小喷壶了，所以后来每当她要给自己的房间增加一点家具时，她都会以小喷壶的风格为基调，渐渐让整个房间都拥有了统一的风格。

粉刷墙面往往是改变房子的氛围的关键一步。如果你可以得到房东的允许，刷墙会带来巨大的变化。就算没有时间和精力粉刷所有墙面也没关系，即使只粉刷一面墙，也会令人眼睛为之一亮。

刷墙之前，最好多试试不同的颜色。你可以向商店要一些不同颜色的油漆小样，然后在你的墙上试着刷一点看看效果。毕竟一旦刷完了墙面，这就是你今后每天都要面对的画面了，所以在挑选颜色上多花点时间也很值得。因为墙壁面积大，试色只有一小块，有时候跟整面墙壁刷完的感觉千差万别，尤其是深色调的视觉能量会较高，有时会出现压迫感，最好使用比原先选择色卡浅一级的色调。最好先跟油漆店的店员说明墙面的底材材质，他们会评估是否要使用底漆。

上漆之前，先用专门的纸胶带贴于窗框、门框、木质家具边缘，以免粉刷墙壁时沾到不同颜色的油漆而擦不掉。拔掉插头，盖上插座盖板，把防水布或报纸铺在地上。这些步骤非常重要，加倍小心，才能省去清理的麻烦。还要记得准备漆盘、小刷子和用来涂抹大面积地方的滚筒。

24
选择带框的挂画，而不是简单的海报

我们总是对大学生活充满眷恋，但也不必将房子贴满海报，天天回味你大学时期喜爱的明星或各种活动。不需要买多昂贵的画作，慈善二手商店 Goodwill 就有上千幅画，每幅都只卖 0.5 美元（约等于 3.2 元人民币）或 1 美元（约等于 6.5 元人民币）。若你想买如洛克菲勒中心①般华丽的画作，宜家也有 5 到 6 美元（约等于 32 到 39 元人民币）的平价选择。

艺术是耳濡目染、渐渐熏陶而成的。画作不一定要以天价购买，从本土艺术家、有艺术天分的亲朋好友那儿都可购得光彩夺目的艺术作品。买来之后，裱框并好好保存，就能发挥其最大价值。

25
就算没多少预算，你也可以把房子装饰得很漂亮

只要你多花一些心思，再加一点点创造力，就什么都做得到。我的朋友阿莉拉有个很酷的想法，她把已经用不到的旧童书裁了适合的几页下来，贴到掉漆斑驳的墙壁上。我很喜欢这主意，马上也动手试了。

如果你的房子里堆积着陈旧灰暗的木质家具，别担心，喷上一些白色漆，你就会发现家里出现了一堆质朴又可爱的新家具。你还可以试试去二手商店淘旧货。虽然大部分小摆设和装饰品看上去稍显陈旧，但你依然可以在旧货市场挖到宝，不少让人惊艳的物品只要几块钱就能买到。

26
挑一张舒服的好床吧

---

① 编者注：洛克菲勒中心（Rockefeller Center），美国纽约曼哈顿的著名建筑群，以装饰艺术风格著称。

一旦过了二十三岁，如果你还是在地上随便铺个垫子睡，你的睡眠质量一定会变得超级糟糕。你本来就值得睡一张好床，不要因为别人的评判或建议让你失去一夜好眠。

人的一生，睡觉就占了三分之一的时间，也就是说人生的三分之一时间都在床铺上度过。这么长时间和你亲密接触的家具，当然要无比舒适！失眠对身体健康影响很大，多花一些钱在这一辈子的事情上，绝对值得！

◆ 第一，买一张优质的床垫。先去多家寝具店比较看看，一般实体店都会提供试躺。别害羞，试躺各种样式与材料的床垫，才能知道哪种床垫更适合自己，也别忘了带你的配偶或亲友一起去试躺看看。

◆ 第二，寝具店通常都有不成文的谈价空间，不妨先讲一个比较低的价钱，让老板再往上加。不用害怕或羞于砍价，这是正常的，难道讲了一个太低的价钱，老板就会赶你出去？

◆ 第三，如果好床垫下是个摇摇欲坠的床架，那么买再好的床垫也是徒劳。不是每个人都需要弹簧床座，一般人们会把弹簧床座放在床架上，为床垫提供一点缓冲，但如果你的床本来就是平板床，你就不需要这个家伙。我自己买的是最便宜的床架，就是那种简约的铁架子床，这种床架就不能省略弹簧床座了。二手交易市场也能买到合适的床架，就算是旧床也没什么可怕的，买长一点的床单或者床裙，你就能让它焕然一新。

27
准备一个专门寄东西用的抽屉

这个小步骤用不了多少钱，大概算下来有25美元（约等于165元人民币）的预算就足够了。你可以找一个顺眼的抽屉——最好就是你桌子中央那个又长又宽敞的抽屉——然后放入下面的东西：

◆ 一本邮票册，放些可随时取用的邮票。

◆ 支票簿。

◆ 商业信封。

◆ 两支好用的笔：一支蓝色、一支黑色。

◆ 几张普通的卡片纸和信封，方便你在正式书写感谢卡或问候卡前，有地方能随手打些草稿。

◆ 若有公司给你留过地址贴签或名片，也可以整齐放在这个抽屉里。

◆ 一本记录地址的册子。

现在万事俱备[1]。如果哪天你急着寄一封重要信件，这个抽屉就可以让你不至于手忙脚乱、不知所措。

28
置办家用工具箱？新手入门只需要这五种工具

如果你家里没有一个又大又完备的工具箱，没关系，那说明你并不需要用到如此多样的工具。对维持日常生活来说，有几样基本工具其实就已足够了，我认识的最心灵手巧的哥们儿本（Ben）向我推荐了新手入门的五种必备工具：

◆ 第一，铁锤。除了准备铁锤，通常也必须购买不同尺寸的钉子来搭配使用，家居用品店与五金店卖小盒装的各式钉子。

◆ 第二，可换头的螺丝刀套装。现在比较常见的一种螺丝刀组合套装是用一个手柄来搭配不同尺寸的螺丝刀头，更换起来非常方便。本说："旧式的螺丝刀组合零零总总装了好几把螺丝刀在一个小盒子里，很容易就弄丢几把，这种新款的螺丝刀组合套装比旧式的更便宜也更好用，当然它也有缺点，就是无法用在很专业的大工程上，不过家居的小地方已经很够用啦。"

◆ 第三，活动扳手。活动扳手可用尖端的小控制器调整开口的大小，然后就能稳稳夹住不同大小的螺栓进行操作。

---

[1] 编者注：如果是中国的读者，建议多留一些空的快递单、快递公司的名片和快递文件袋在这个抽屉里，以备不时之需。

◆ 第四，卷尺。卷尺的用途很广，测量墙上画像是否居中、摆放家具的位置是否适合、确认家具是否能够从楼梯顺利通过，等等。本告诉我，卷尺给人带来的最大乐趣在于按一下按钮卷尺就会飞快地自动收回，不管一个人到了多少岁，总是忍不住想要玩一把。

◆ 第五，充电式电钻。"少了充电式电钻，不管你是要挂窗帘，还是挂厚重的镜子，都变得无比困难。"本说，"想单纯用螺丝刀在墙上凿出一个可以挂窗帘的洞，可以说是一场噩梦。"当然，充电式电钻就跟你的卷尺一样，也是一个让人跃跃欲试的好玩工具。

29

准备一个踏脚梯凳（可以用来检查你家的烟雾警报器）

这工具并无趣味，也不光鲜亮丽，但却超实用，值得购买。

什么时候肯定会用到踏脚梯凳？当你长大后一个人住了，假如你不希望不幸命丧火场，请养成每个月检查一次烟雾警报器电池的习惯。你不妨把检查的日子选在每个月缴房租的那天，或是每个月发薪水的日子，比较不容易忘记。

30

多配两把钥匙备用，一把交给信任的朋友保管，另一把藏在家附近的隐秘处

难免发生这种尴尬时刻，你不小心被自己锁在家门外了。

多配一把钥匙给朋友保管是一个方法，但请注意，一定要是非常信任的朋友。这个人最好是住在你的公寓附近，如果这个人正好是你的邻居就更好了，他还能在你出远门时，偶尔去你家帮忙照顾宠物。总之，搬进去后，就尽快找个人帮忙吧。而另一把钥匙也赶紧找个地方藏匿起来，切记，钥匙上不要留下有关身份或房子的标记。

• 关于打扫这件事

坦白说，打扫完全是我的软肋，如同珠穆朗玛峰般难跨越。

唯有亲朋好友来拜访时，我才会临时抱佛脚，认真清理房子，也只有这个时候房子才会显得窗明几净。这种临阵磨枪的结果通常会像一个五岁小男孩穿着合身笔挺的正式西装，不明所以的不搭界感油然而生。

虽然无法做到井井有条、一尘不染，但也不应该让自己生活在脏乱得不像有人类居住的环境中。二十岁刚出头时还能稍微忍受一下，现在可完全不行了。

31 /

如果你毫无头绪，不妨请专业清洁人员来协助，并询问他们可否边打扫边教你

当然啦，专业清洁人员并没有义务教你如何做家事，所以务必事先询问。我依循这个方法，请到一位清洁达人凯伦来帮忙清理房子，她也好心地教我如何打扫，这个章节里很多实用的建议都是她教给我的。凯伦除了更正我洗手的步骤，还解释了春季大扫除①的意义。随时保持干净，总比每次面对乱七八糟的房子，绝望地从头开始打扫来得好。

所以下面就是我的清扫时间表。

32 /

每天做些基本清扫

每天要做的基本清扫所花的时间，不会超过十五分钟，但只要你持之以恒，保持房子干净并不是难事，你就再也不用待在脏乱的环境里了。

◆ 洗碗（更多洗碗相关的小诀窍，请见CHAPTER 3第86步）。

---

① 编者注：春季大扫除，是欧美地区的一个生活习惯。通常在春天来临时，在全屋进行一次彻底的大扫除。

◆ 随手物归原处。一回家就把衣服整齐挂好，该洗的衣物和碗盘放进洗衣篮或洗碗槽，等等。

看，这两件事都不难吧？你一定做得到。你甚至可以自创一首打扫之歌，清理时哼哼唱唱，让你的每日打扫变得不那么无聊。

33 / 每天早上铺好床再出门

关于"铺床是不是一件浪费时间且没有意义的事"的争论，已经来来回回讨论了很多年。但对我来说，铺床是值得投入时间的。因为无论如何，我知道，在这个世界上永远有一个小小的地方是我可以掌控的，每天花45秒钟去铺床就能让我拥有这种自信。

我一起床就先叠被子，然后把床单拉平塞好，最后把枕头拍松放好，让整个房间的物品显得井然有序。说实在的，只要有一张乱糟糟的床铺，房间就不可能显得整洁。每天晚上拖着一身疲惫回到家，走进房间准备休息时，看着那张由你做主的整洁床铺，顿时感到安心。

晚上能扑向整洁的床铺更是一大幸福。假如回到家面对的是皱巴巴又乱成一团的棉被堆，心情也会受影响，以为生活就如同你混乱的床铺般毫无希望。

至少两个星期洗一次床单，用温水清洗，清洁剂的使用量只需要平常的一半即可。至少准备三组床单方便替换。如需更多洗衣相关信息，请见CHAPTER 7（第243至258步）。

34 / 将随手清洁、保持整洁变成一种生活习惯

好好把握这些零碎时间：

◆ 当你接电话的时候，你可以顺手清理一下手边的零碎。

◆ 如果你刚把食物送进微波炉或是烤箱，在等待的几分钟里，擦拭料理台或洗个碗也是打发时间的好选择。

◆ 等待洗澡水放好或热水器预热的时间里，你可以顺便清洗水槽和马桶边缘。

35
今天就能清理的部分，别拖到明天

说来汗颜，有一件事我小时候就该知道，却在六个月前经由别人提醒才刚刚领悟：即使只有溢出或飞溅出一点点液体，也要马上清理。

这么多年来，一旦有东西洒出来了，我的心理活动是这样的：

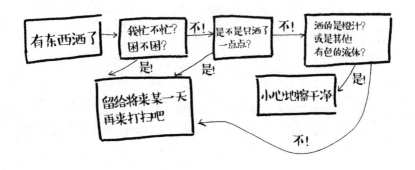

但真正成熟的大人则是这样的：

说真的！别拖拖拉拉了！你总得清理，趁新鲜赶紧擦干净，总比等到变成又干又硬的污渍来得好。

留意房中的垃圾

准备一些与房间设计搭配得宜的垃圾桶，桶子内必须有衬里或是放入购物留下来的塑料袋，若忽略了此步骤，垃圾桶底部很快就会令人恶心地发臭。除此之外，也要了解你住的地方附近的垃圾回收流程。

假如你家附近的路边有垃圾回收站，尽快了解垃圾分类回收的规则。如果你不清楚具体的情况，最快的方法就是上网搜索"城市名称＋垃圾回收"，了解你家附近有没有垃圾分类回收的地方。

请记住，食物的残渣只能用来做堆肥，没法儿拿来回收利用。（如果你已经知道不应该把厨余垃圾丢进回收类别，恭喜你！你真的非常懂事又善解人意，不会造成别人的麻烦。）你肯定不希望买到由又干又硬的比萨残渣制作的再生资源笔记本，所以，简单地说，已经遭食物污染的物品，如果无法清洗干净，例如沾有食物污渍的厚纸板等，就应直接丢弃在一般垃圾的分类里；而玻璃、塑料、上过蜡的厚纸板就做资源回收。

有些地方的垃圾回收站不收玻璃，那你就需要找找哪里可以回收，如果回收地点真的很遥远或真的找不到，不得已就直接丢到一般垃圾里吧。不论你想要怎么做，绝不能把白酒瓶子堆在厨房水槽边，任由它们像排排站的士兵——你绝不会为这种"阅兵礼"感到自豪的。

• 列一张清洁必备用品清单

这个小标题里的清单名字，我用了"A bucket list"的说法，借用了2007年上映的美国电影《遗愿清单》（*The Bucket List*）片名。在电影里，"The Bucket List"的意思是一张一定要在死前全部完成的清单。而我要说的这个清单并没有这么严重，只是我在独自生活的前三年慢慢从经验中学习、累积而成的一份清洁必备用品清单。

● **每个人必备基本的清洁用具：**

◆ 洗洁精。如果你试过在温水里使用洗洁精，你会被它能把东西洗干净的程度吓到。我们后面还会继续讨论洗洁精的更多细节问题。

◆ 扫把与畚箕。

◆ 拖把。

◆ 水桶。

◆ 纸巾。

◆ 抹布。注意：最好准备几条旧毛巾，还有几条没用过的布质尿布。毛巾的好处是能够吸附脏污，而布质尿布则是用来擦拭镜子或窗户的。

◆ 刷子。

◆ 旧牙刷。用来洗刷小缝隙（例如水龙头和水槽的连接处）。

◆ 漂白水（使用时记得戴手套）。

◆ 便宜的白醋。把白醋与热水按照1：2的比例调和，清洗玻璃的效果最好。

◆ 漂白水喷雾器。可用于各处，包括模型、地板和上漆的表面，等等。

◆ 护膝。跪在地上擦拭物品，使用护膝可避免膝盖受伤，也不用让你看起来像可怜的灰姑娘。

◆ 乳胶手套。

◆ 木地板清洁剂。

◆ 去渍剂。用来清洁顽固的痕迹。

◆ 掸子。也可用抹布取代。

37
买一把皮搋子吧

有了一把皮搋子，大多数的马桶问题就会迎刃而解。马桶阻塞时，先不要着急冲水，如果水还在不断流入马桶，就打开马桶后方的水箱，找到一个浮球状的东西，用它可以关闭出水。接着快速解决问题：用皮搋子在排水孔处按压四到五次。拿走皮搋子，冲水看看马桶是否通了，若还是不通，再重复一轮。疏通完马桶后，记得要使用家用清洁剂以及消毒喷雾清洗你的皮搋子哟。

38

搞定修马桶的其他方式

值得庆幸，马桶的构造简单，偶尔发生的小问题都很好解决。几乎所有家居用品店都卖修理马桶的工具套装，一般也都会附上简易的使用说明。大部分情况下，你有办法发现马桶哪里出了问题，像是链子断掉了，换一条就好；但是有时候打开水箱，还是看不出哪里出了问题，那就去问问房东吧，不必感到不好意思。

● 每星期清洁

不管多忙，每个星期至少挤出两小时做些简单的清洁。如果没有因宿醉而神志不清，星期六早晨是每星期固定清洁的好选择，这样接下来的一整个星期都能够享受整洁房子所带来的好心情[①]。凯伦建议，每周固定清洁工作包含：

- ◆ 清理浴室，包括淋浴相关用具、浴盆、马桶和水槽。
- ◆ 洗衣服，包括床用织品（床单、枕套等）。
- ◆ 清扫并用拖把擦洗非地毯覆盖的地面。
- ◆ 检查并清理角落的蜘蛛网。
- ◆ 擦拭茶几、桌椅等。

老话一句，每个星期清扫一点，总比一个月或一年清一次来得好处理。

---

① 编者注：美国的一周是从星期日开始的。

● 肥皂水是有魔力的

提着一桶肥皂水似乎有种灰姑娘的苦命感，但用肥皂水来清洗家里的各处表面，的确会有神奇的功效。你可以有效地使用肥皂水来拖地、清洗料理台、轻轻地清洁硬木地板、给水槽除垢或擦拭各种非木质的家具等。

提供一个好方法，准备两条抹布，一干一湿，先用湿抹布奋力擦拭，再用干抹布擦去灰尘和脏污。

一旦抹布变得又黑又脏，洗干净并拧干，再挂起晒干，用另一条抹布继续清扫。另外，大家应该早就知道了，如果不想让你刚刚擦掉的脏污沾到衣物上，就别把脏抹布和其他衣物一起洗。

39
清理玻璃、镜子和窗户

你一定希望有个专业的玻璃清洁工人帮忙，但其实你自己也可以做得一样好。清洁达人凯伦向我推荐的一样很好用的擦玻璃的工具就是上面提到过的"布质尿布"——用它擦完玻璃，不会留下棉絮或布屑。只要喷上清洁液，用湿布擦拭，再用干布擦亮即可。每半年至少清洗一次窗户。

40
放慢速度打扫，如果养宠物，那就买个吸尘器吧

凯伦说，很多人打扫都会求快，希望赶快解决这麻烦事，但这只会造成家里尘土飞扬，空气质量差。放慢速度、从容地打扫才是正确方式。一次只清扫3.3平方米大的区域，确定清洁干净了，再继续清扫下一个区域。另外，因为我养猫，除了用扫把扫地，我还会用吸尘器清理

硬木地板，让家里不会到处都是猫毛①。

41
学会浴室清洁

浴室比其他地方更需要在清洁前先喷洒漂白水，尤其是马桶，从水箱盖到藏污纳垢的底座，都容易聚集毛发或恶心的秽物。使用专门的马桶清洁剂和马桶刷刷洗，会加倍洁净。

42
多尝试，寻找有效的浴厕清洁剂

凯伦强力推荐美国汉高（Soft Scrub）牌清洁剂，其实无论用哪个牌子的清洁剂都行，但请仔细阅读使用说明，因为很多浴厕清洁剂在使用前必须先静置一段时间，再开始刷洗。

43
每过一段时间漂白一次水槽、浴缸和马桶

漂白之前，先确认你的水槽、浴缸和马桶的材质是否适合漂白，不锈钢或白瓷这种普通材质没问题，但某些昂贵的进口材质最好不要擅自进行漂白。漂白的过程很简单，首先注满热水，如果是水槽的话，加3/8杯漂白水，如果是浴缸的话，加半杯漂白水，以此类推，加完漂白水后静置20分钟，然后排干，再用清水冲洗，剩下的污点就变得容易清洗多了。经过漂白，你的水槽或浴缸也将焕然一新、洁白无瑕。

---

① 编者注：作为家里同样养猫的人，非常推荐各位使用扫地机器人和空气净化器，自从使用这个组合后，我家再也没有猫毛乱飞了。

44
至少来一次小规模的春季大扫除吧

列一个详细的大扫除计划，把家里能看到的地方都列进去，包括门、踢脚线和窗户等。我总是把清理衣橱排在最后，因为我的衣橱一年到头都是一团乱，不知从何整理起。干脆把该丢的都丢掉吧！不只是春季大扫除，秋天和冬天也要做这些清洁工作，对吧？

45
赶紧丢掉家里任何会让你触景伤情、悲从中来的物品

生活中总会留下许多让你触景伤情、悲从中来的物品，放在小角落的那个物品总是让你情绪失控。

其实你不需要紧抓着不放，应该毫不犹豫地丢掉它！假如有某些东西真的舍不得丢弃，譬如过往的情书，可以请一个朋友暂时代为保管，或是把已经穿不下的衣服送给适合的朋友。

如果那个物品是你室友的，即使你非常厌恶，也不要跟室友撕破脸，你可以用温和的语气委婉地问他们是否可以把它收进房间或柜子，不要放在显眼的公共区域。

46
回忆满满、值得留念的物品，也不用每一样都留下来，必须做取舍

我了解做选择真的很难，我是个念旧的人，总是保留任何值得纪念的小东西，但其实几乎没有再把它们拿出来过。认为某些物品值得留存时，请再三思考：

◆ 可以将它拍照留念，或扫描成档案保存吗？
◆ 你会再把它拿出来欣赏吗？为什么？

◆ 是否有更重要的物品值得留存，纪念某段回忆或某个人？

47

适时更换因长时间使用而变得肮脏恶心的物品

浴室踏垫就是其中之一。浴室踏垫和仓鼠差不多，生命周期都很短，但不太一样的是，浴室踏垫洗过之后能够死而复生，继续使用。

浴帘、手巾和电炉上的金属炉盘使用寿命则有限。当你扪心自问："我是不是应该要把某个易坏的物品换掉了？"答案通常是肯定的。

● 不要被搬家的麻烦吓倒

你有了搬家的经验，就会了解到，搬家是世界上第二麻烦之事（第一是打扫）。经历了横跨国土的搬家之旅，我发誓再也不搬家了，我宁可下半辈子就蜗居在这套铁路边的小公寓里——但你知道，搬家有时候是不可避免的。希望我的这些经验能帮到你。

48

准备一本可分类的大笔记本，最好是有收纳功能的那种，最好能大到装下与搬家有关的所有备忘录

搬家至少包含了137个错综复杂的步骤，每一步都可能会让你头疼到抓狂。让我们来盘点一下吧：结束旧租约；把原来的住处收拾干净；寻找新的住处；向你的所有联系人更新你的通信地址；搞定你的宠物搬家事宜（对我来说，最有意思的一次经历就是当我去航空公司托运猫时，某个英语不太好的职员茫然地问我"猫"是什么行李）；丢掉不重要的东西；和旧邻居们道别；决定如何运送家具……

要处理这么一大堆杂事、一个大笔记本，绝对是你搬家的好帮手！

笔记本里可分成四个部分：旧家、新家、打包和运送的过程、杂项。每个部分，都会一直重复"列清单，做完后划掉"的过程。你可以写下很多电话号码，列出不同搬家公司的优缺点，评估要租哪一家搬家车。搬家会有各种琐事和压力，这时候也可以在笔记本上随手涂鸦来舒压。即使你觉得某些与搬家相关的零星字条不重要，也别丢掉，先放进笔记本的拉链附袋中，哪天可能就会派上用场。

49 舍弃大量物品

搬家提供你一个很棒的机会，在拥有的一万件物品中，决定哪些是真正重要、需要留下的。尤其是当你搬家路程需经历长途跋涉时，先问问自己："假如我不小心把这件物品留在旅馆，我会付旅馆钱，请他们帮我寄回来吗？还是它其实可有可无？失去了它，我是否在意？"

如果你决定搬家时要带着某件物品，那你就有责任将它安全送达，你要小心地把它包装好、拿下楼，放进卡车昂贵且有限的空间，也要忍受几天或几个星期看不到珍爱物品的焦虑难安，再小心地运上楼、开封，在新家找一个属于它的位置。

如果你愿意为它做这一切，那么，二话不说，搬家时带上它吧。

如果不愿意的话，一切免谈。

50 准备一些箱子

卖杂货和酒的店家提供的免费箱子，适用于两种情况：

◆ 第一，10英里①内的搬家距离，通常是用汽车运送。

---

① 编者注：10英里，约等于16千米。

◆ 第二，用来装书本以及其他重物。这些东西最好不要放在大箱子里，一方面箱子很容易因为装得过重而破掉，另一方面装太多也可能导致你根本搬不动。

聪明地使用箱子，才能事半功倍。坚固、耐撞又耐用的免费箱子来之不易，该买的时候也要下手去买。你可能会说："不对呀！箱子不是应该如雨水般免费又容易取得吗？"事实并非如此。

有人可能会认为买箱子很浪费钱，但有时候免费箱子已经不完整也不坚固，搬家时还可能产生破洞甚至裂开，物品撒得满地都是，得不偿失。除了箱子，还要准备两卷封箱胶带、一把锐利的剪刀和几支签字笔。

51 / 同一房间的物品，尽量放在同一个箱子里

用签字笔标记每个箱子："厨房！""浴室！"

接下来这个提醒其实显而易见，既大又坚硬的重物不能和小又易碎的物品放在同一箱子里运送，以免一不小心将小物件压得支离破碎。

另一种整理分装方式，是按照你希望在新家收到物品的先后顺序来装箱，因为有时行李太多，会分批运送。装有化妆品、吹风机和内衣裤等每天必备生活用品的箱子，可标记："先打开我！"在放你珍爱物品的箱子上，画上一个笑脸":-)"，提醒自己在运送过程中，别把这些东西当成几百斤的狗屎那样随便乱丢。

贴心提醒：请在本书其他段落章节都画上笑脸":-)"符号，都很重要，必看！

52 / 仔细包裹易碎物品

搬家的第一步是准备一堆报纸，报纸的用处超乎想象。

先用报纸仔细包裹所有易碎物品，保险起见，再用胶带封起来。等易碎物品都已层层叠叠包裹得万无一失，再找个坚固的容器，把包好的易碎物品妥帖地装进去。锅子是个不错的选择，只要你确定物品都已用报纸包好，它们就不会在锅子里翻滚碰撞。

53

如果某个物品可以拿来装东西，搬家时务必好好利用

装东西的时候，记得充分利用物品本身的收纳空间，尤其是那些不可折叠的物品。譬如，篮子可以用来收纳枕头套或毛巾，小提袋可以装入大手提袋中，你还可以把小锅子或捆起的银器放入大锅子里，最后再用封箱胶带密封。封箱胶带是搬家时最好的伙伴，噢，对了，还有前面提过的大笔记本。

54

配套使用的物件，把它们绑或粘在一起

把电视遥控器绑在电视上（别绑在屏幕上，这应该不需要多说）。拆装宜家家具后的螺丝钉全都粘在该家具底面，到新家才不会找不到。这些物品已经忍辱负重，尽心尽力让你过舒适的生活，别把它们拆散！

55

材质软的物品，一起塞进大袋子里

包含不需要特殊保护的衣服、寝具、毛巾、垫子和窗帘等，把这类物品通通塞进一个大袋子，接着用身体的力量，压在袋子上把空气挤出，或用各种方法把空气挤出，搬家运送时就能更省空间，那袋东西的体积就会变小，运送时，塞在坚硬的家具之间，还可减少它们互相碰撞的机会。

56

为避免珍贵的物品因沾湿而损坏，可用塑料袋包好，再装入塑料保鲜盒

不太可能在搬家前给所有物品都做好防水工作，但对有些珍贵的物品可不能忘了防水，像是相簿、情书或祖母的写生笔记本等，最好都用塑料袋包起来，然后放进可密封的容器，想看的时候还是可以拿出来，只是看完要记得放回袋子里，等到安全抵达新家，再拿出来摆放。

57

朋友帮忙搬家，你就欠他们一顿饭

没有法律明文规定你一定要请帮忙的人吃饭，但得体有礼的人绝不会忘了这个礼数，不是随便都会有人来帮你搬家，他们愿意，是因为他们爱你，就用丰盛的一餐，弥补他们为你搬家的劳心劳力吧。

同样，朋友搬家需要帮忙，你当然也要义不容辞。朋友之间互相帮忙非常美好，他们一定也会想送你礼物以示感谢，这时候也是请你一顿饭就解决了。

58

深呼吸，相信船到桥头自然直

搬家比你想象的冗繁许多，让人崩溃的程度等同于失恋，但也别害怕，船到桥头自然直。随着时间流逝，搬家的痛苦都会升华成淡淡的回忆回荡在心头，如同妈妈生孩子那种艰难时刻，回首时总是只剩甜蜜的记忆。搬家后，你可以好好开始新生活、布置新家，并在内心发誓绝对、绝对、绝对不再搬家！尽管如此，下一次搬家到来的时候，一切大小事务的轮回又将重启，好在你已经有了经验，不会再害怕了。

一点小讨论

（1）回想一下，你签完租房合同后，最后悔的是哪件事？

（2）这个世界上你最讨厌的是哪一件家务？

（3）当你的房间最脏最乱的时候，画一张它的速写（或者拍一张照片），发到你的朋友圈，或是分享给你的好朋友。当你整理打扫完房间，再去看那幅画面，你有什么感觉？

用 心 生 活，
从 亲 手 做 饭 开 始

除非你吃了秤砣铁了心，决定这辈子只吃外食，要不然你就必须学会如何自己做出美味又耐吃的料理。

　　买速食对于独自居住的人来说，确实是又便宜又方便，但如果你总是买速食，就违反了人类关于烹饪的天性。几千万年前，人类学会了用火烹饪食物和群聚用餐，烹饪可以说是人类固有的种族天赋。就算只是煮给自己一个人吃的东西，你也会本能地想多花些时间，用心煮出美味的料理。当然，不管你自己在厨房煮出来什么样的食物，都会比外面的速食更健康、无化学添加，吃了也更不容易造成肥胖。

　　为达到这些美好的饮食目标，你需要做的，就是把你的厨房准备好。你要了解你喜欢吃什么、你需要哪些食材，你还要学习一些基本的烹饪技巧。接下来的篇章里，我们会介绍一小部分的烹饪知识，更专业的部分，你可以多看看与烹饪相关的电视节目和图书，也可以随时上网进行搜索。随着你的不断尝试，你会越来越了解你喜欢的食材，越来越懂得如何处理食物，逐渐成为可以真正掌控自己厨房的人。

59
尽量找有厨房的房子，哪怕只是一个很小的厨房

如果有可能的话，尽量在找房子的时候，找一个有干净明亮厨房的公寓。厨房不一定要多富丽堂皇，但多一点料理台的空间，就能给你未来的烹饪带来更多的便利，更不用说那些带有全套烤箱和洗碗机的厨房了。

60
动手打造你的厨房

置办厨房用品的第一步，不用说，一定是锅具！

我的朋友莎拉非常擅长做家常菜，她给想学家常菜的人一些建议是："你需要准备一口普通尺寸的平底深锅、一口大的平底深锅、一口大的煎锅和一口煎饼用的浅锅。如果你手头比较紧张，可以去旧货店或二手拍卖网站挖宝。淘旧货的时候，多留意那些高质量的锅，比如铜底锅、铸铁锅或不锈钢锅，都很值得入手，它们的使用寿命都很长久。如果你预算有限，比起买超市里的廉价品，不如买质量有保障的二手货。当然如果你预算充足，最好就去大型购物商场或专卖店，那里有很多性价比高、质量好的锅具。"

除了锅具，烹饪入门者还必备一把好刀子。一开始就要舍得花钱买一把好用的刀子，别感到心疼。买一把主厨刀和一个配套的磨刀器，了解它们的用法。质感佳的主厨刀，能让你事半功倍，厨艺更上一层楼。我曾经和一位厨师约会，他厨房有三把刀，其中两把就是主厨刀。莎拉说，除了主厨刀，平时也会用到削皮刀与面包刀等刀子，但预算不多的情况下，主厨刀其实就很够用了。

61

置办一些心动的餐具

不用很多碗盘，但至少要有六组餐具，八组更佳。新手预算不足的情况下，只需要买六只大盘子、六只小盘子、六只玻璃杯、六把叉子、六把奶油刀、六只汤匙、六只品脱杯以及六只无柄酒杯。

这些用具不像对锅子或刀子的质量要求较高，去宜家或沃尔玛超市以极低的价格购入即可。或是你不要求整组同款的，在慈善二手商店也能买到许多特别又迷人的厨具。

62

准备最基本的厨用小器具

这些基本器具也不太要求质量：开罐器、抹刀、一只长柄勺、一对木汤匙、盐和胡椒瓶（最好是研磨罐）、搅拌器、量杯和勺子、滤器、红酒开瓶器（除非你不喝酒）、蔬果削皮器、刨丝器。

63

准备烘焙器具与材料

关于烘焙，第一个要准备的是烘烤盘，不用很大，九寸的就已足够。只想头一个烤盘的话，就买玻璃烤盘吧，更耐热又不易坏。

还需要两个饼干烤盘，一个专门用来烤饼干，另一个用来烤其他食物（烤土豆或西蓝花）。因为其他大部分烤盘没有不粘涂层，但为了保证饼干烤好后不粘在烤盘上，饼干烤盘上会有不粘涂层，如果用来烤别的食物，容易让不粘涂层消失，所以要分开用。烤盘上需要先放一张锡箔纸，隔离食物和烤盘。

外缘比较高的烤盘比完全平坦的更好用，烤薯块时，直接戴手套拿着烤盘摇动，就能轻松翻面，让食物均匀受热。因为有比较高的外缘，摇动烤盘时，食物就不会飞得到处都是。想要烤焗芝士通心粉、酥皮水果派或砂锅菜，则需要用到耐热玻璃烤锅。

更进阶一点，你可以买一只珐琅铸铁锅，它的用途很广，能放在炉子上煮汤，也能放入烤箱中炖煮。要做出美味的炖肉，绝不能少了珐琅铸铁锅。

64 / 购买基本的厨具

如果你只想烤些小东西，一只小烤箱其实就能变化出各种料理。很多小型的食物料理机，也能够让烹饪变得简单又充满乐趣，想要常常做料理的人，都应该有一个。台式搅拌器是很好用，但手持的电动搅拌器使用起来更灵活，用途更广。

65 / 如果还有多余的预算，购买这些器具，烹饪变得更得心应手

- ◆ 手持式榨汁机，轻松榨柠檬汁。
- ◆ 擀面棍，比用圆形罐来擀面团更方便。
- ◆ 小型手持式刨丝器。

66 / 归纳厨房物品，必要时可贴上标签做分类

不管是用标签纸还是胶带和签字笔，厨房里至少要有一套属于你自己的分类系统。

● 适合日常储备的食物清单

烹饪的过程美妙无比，饮食更是让人身心愉悦。你知道什么才是最无趣的部分吗？就是煮饭前最重要的准备工作——买菜。

这是一般人会列出的食物购买清单：

◆ 蛋。

◆ 牛奶。

◆ 面包。

◆ 鸡胸肉。

◆ ……

对我来说，食物购买清单则是这样的：

◆ 第一，十四种我最常用的基础食材。只要有这些食材，我就可以在饥饿来袭的任何时刻突击做出任意一道喜欢的料理。虽然在外人看来，有些料理看起来有点灰暗，譬如说羊肉葡萄干阿根廷馅饺……

◆ 第二，半磅的草莓酸酸糖。这是我专门带在车上吃的小零食。

当然，我也想知道为什么有些人总是能在家做出美味的料理，他们到底有什么秘诀，所以我又向达人莎拉请教了她的必备厨房食材清单。她的清单虽然精简，却非常实用，包含了一些基础食谱所需要的材料。

◆ 谷物、豆类和意大利面：黑豆和斑豆（可罐装保存）、糙米和白米、小扁豆、燕麦粉、各式意大利面（可以是意大利直面条或斜管面）、各种谷类麦片、质量好的全麦面包。

◆ 油类：橄榄油、奶油、培根油（培根油的卡路里比奶油少一些，把煎培根剩下的油放进小罐子，再放入冰箱冷藏，炒青菜时放一点培根油，马上变成色香味俱全的菜肴）。

◆ 烘焙用品：面粉、糖、蜂蜜、香草精、泡打粉、苏打粉、蔓越莓干（做沙拉也很好用）。

◆ 香料和调味品：巴萨米克醋、白葡萄酒醋、荷兰芹（又称巴西里）、洋葱、蒜头、西红柿酱、芥末、美乃滋、辣酱、酱油、百里香、莳萝、牛至、罗勒。

◆ 易过期的食品和农产品：牛奶（总是要把手伸到最后面，选一罐有效期限最长的商品）、蛋、土豆、洋葱、苹果、做沙拉用的蔬菜、各种可当点心吃的水果和蔬菜。

此外，准备各种优质蛋白质也很有必要，例如鸡胸肉、牛绞肉或鱼片，这些都可以分装冷冻。去买肉类时，请摊贩切成适合的分量，比如450克左右或者225克左右，然后分开包装，带回家分开储存就可以了。

67
买买买之前，先调整好自己的身心状态

这是我朋友艾普丽尔提供的秘诀。

她经常在采购食物之前喝一瓶水，然后再吃一点喜欢的零食"能量棒"，一边买东西，一边戴上耳机听音乐，放松心情。"能量棒"能帮助你减轻饥饿感，免得你一不小心就买了太多的草莓酸酸糖。

如果怕自己一不小心就买多了，你可以听一些能让你克制欲望的歌，譬如饶舌歌手杰伊·詹金斯（Jay Jenkins）振奋人心的音乐。我也推荐"Florence+the Machine"乐队的《鼓声之颂》（*Drumming Song*）或坎耶·维斯特（*Kanye West*）的《更强》（*Stronger*），还有瑞芭·麦肯泰尔（Reba McEntire）的《幻想》（*Fancy*）。

68
除了采购时要克制自己，烹饪的准备工作也需要很大的自制力

并不是采购完食材之后就能马上开始烹饪，不管你想做的料理是很特别还是简单到只需要用两种食材，你都需要为你的烹饪做好准备工作。

我的一个食材采购达人朋友克里斯蒂娜提供了几项秘诀,她说:"每个假日先花几个小时,把采购回来的食材做一些预先处理的工作。如此一来,即使下个星期工作疲惫、脚酸腰痛,想买个外卖轻松了事,你也会因为食材都已经准备得差不多,煮一下也不会太麻烦,而有动力煮饭。你要做的准备工作,包括把蔬菜和香草洗好,把香草等草本植物泡在水中,存放在冰箱里——其实把香草存放在玻璃瓶里,颜值真的很高,就像冰箱里的一束鲜花,不是吗?"

你也可以把洋葱切碎、存好,如果有别的需要提前切丁的蔬菜,也可以同样先备好。想想如果这个星期懒得煮饭时你会想做什么简单的料理,譬如说烤蔬菜、烤里脊肉或是煮一锅汤,然后按照你的食谱,先做好这些料理的食材准备。

69
生鲜食物,记得放保鲜抽屉

这真的非常重要!但别把生鲜农产品忘在保鲜抽屉里太久,当它们腐烂发臭成烂菜泥,污染了整个冰箱底部,那味道真的是令人作呕。

适当保存及冷冻食物

请记得：空气是保存或冷冻剩饭菜最大的杀手，所以尽量完整隔绝空气，塑料容器或玻璃容器都行，冷冻袋和密封罐也都是阻隔空气的好帮手！

除了培根可以保存较久，其他肉类最好不要在冷藏区存放超过两天，而应该放在冷冻区。而且，一旦食物冰冻，就很难分开，这就是为什么要请小贩把肉品分装，而冷冻汤品或任何食物，也务必以一餐的量来分装。冷冻的食物最迟要在六个月内食用完毕，三个月内更好。

• 学会简单的烹饪

你要怎么料理食材？当然是烹煮咯。但要怎么煮？如同前面提过的，大约有几百万本书以及好多个电视频道专门教人煮饭，所以，除了一些大家应该要知道的基本观念，本书并不会详细讲解食谱。下面要说的，主要是基本技巧，以及如何避免在厨房受伤。

• 烹饪的基本方式

烹饪，少不了要对食物进行加热。加热方法一般分为湿加热与干加热两种，例如用水煮沸就是湿加热，而烘焙则是干加热。因此，我们把几种基础的烹饪方式归纳如下：

◆ 烘焙：基本原理是干加热，通常是用烤箱或小烤箱。烤箱的加热原理是用电加热电阻丝使其发热，产生的干燥热量通过热传递方式对食物由外而内加热，用途很广，烤蛋糕或烤鸡都行。

◆ 沸腾：把食物放入水中烹煮，最后会达到沸腾的状态。另一种比较温和的烹煮技巧是用文火炖煮，以比较小的火力加热，气泡不会明显地沸腾翻滚，只会有小气泡在底部形成，由下往上升。小提醒：沸腾和煮沸不太一样。沸腾是整个液体表面都剧烈翻腾，水涌起而往外飞溅，产生大气泡。煮沸比较没那么激烈，气泡的大小大约跟小指头差不多。

◆ 炖煮：非常好吃的肉类料理大部分都是炖煮而成的，譬如说红酒炖牛肉或炖小羊腿。炖煮基本上需要将液体覆盖食材，以红酒炖牛肉来说，用红酒覆盖牛肉，盖上盖子，以文火炖煮、蒸熟的方式料理。炖煮通常得在炉子上花好几个小时，但等待的时间绝对值得。

◆ 炙烤：炙烤的要点是烤箱要调到非常高的温度，如此一来，奶酪快速熔化，肉类的外皮也马上变得酥香、脆又美味。使用这种炙烤技巧，通常只会花两到三分钟，请务必在旁紧盯着，才不会烧焦或过熟。等待炙烤的时间，可以养成顺便清理厨房的习惯，等待微波的时间也不妨如此。炙烤时建议将烤盘放至烤箱上层，因为烤箱的热气一定是向上冲，所以最上层的热度一定高于最下层。

◆ 油炸：锅子中倒入足够的油，再把食材放进热油里油炸，很多人家里可能没有油炸锅，也可以用煎锅油煎的方式取代，这样料理肉类能让外皮焦香酥脆，非常美味。但油煎的时候别一次放入太多食材，因为食材如果含有水分，过程中容易出水，一次油煎多样食材，可能会因为出水过多，变成糊状的蒸煮料理，就没有油煎的香酥感了。

◆ 拌炒：往火炉上的锅子里先放入油或奶油，让油均匀分布于锅中，再放入食材，并开中大火，以木铲快速拌炒。其中一个要点跟油煎一样，不能一次放太多食材到锅子里。

◆ 蒸：蒸是通过气化热上升的蒸汽加热，且不直接接触水，不会造成水溶性维生素的流失。如煮沸的方式一样，蒸熟并不需要添加多余的油，不会让人摄取太多卡路里。蒸熟也是一种比煮沸更温和的料理方法。

71

除非你已经是厨艺精湛的厨师，否则还是乖乖按照食谱来

只要乖乖参照食谱，煮出来的料理就通常不会出差错，尤其是烘焙，特别需要精准的测量，只有专业厨师能够精准分辨出用1/4大匙和1/4茶匙泡打粉的差别。烘焙是一件非常精确的事情，特别是做蛋糕，稍有差池很可能完全失败。

其他料理可能还稍有自由发挥的弹性，但在熟练之前，还是先照食谱来比较保险。虽然大家可能都已了解，还是提醒一下：别放太少盐（如果不小心放太多了，也能加点水稀释），慢慢放，随时试味道。

如果食谱写了酱汁要浓厚，就尽量煮到够浓厚，酱汁才会包住食材。

72

买本食谱做参考，比如《烹饪的乐趣》[①]

这本书除了教大家许多入门料理，还会告诉你如何过筛面粉和保存蘑菇这样的实用小技巧。

73

学会做一顿自己喜欢的早餐

也就是说，你至少得学会一道关于鸡蛋的拿手菜，是炒蛋、煎蛋还是溏心荷包蛋，一切由你决定！或许还可以煎个培根。值得庆幸的是，以上这些鸡蛋的做法都是一学就会的简单料理。关于鸡蛋的部分，你自己去研究食谱吧。我们这里先教大家如何煎培根：

将培根放入锅中，用中火煎，待煎到焦脆即可盛盘，料理途中可适时转小火，以免烧焦。培根容易出油，如果一次煎很多，可把多余的油

---

① 编者注：这本书的英文名是 *Joy of Cooking*，最早的版本是1931年出版的，是西方烹饪书籍中的经典之作。

捞起一些来，并把煎完的培根放在厨房纸巾上吸油。

做美式黑糖培根也很不赖，把培根两面均匀蘸上黑糖，把烤架放在烤盘中，再铺上黑糖培根，用200摄氏度左右的高温烤17~20分钟，烤过的黑糖培根很适合搭配沙拉或餐后点心。

74 / 熟悉燕麦料理

燕麦是世界上公认的高营养杂粮之一，好处多到超乎你的想象。除了能促进消化，燕麦还有振奋精神的功效。燕麦片可以和以下食材做各种搭配：黑糖和一点奶油、葡萄干和杏仁酱、各种水果干、花生酱和蔓越莓干、蜂蜜和水果、酸奶和核桃。

嗯……最后一项我也不确定好不好吃，但是达人莎拉保证，绝对美味。她说："做完以后放入保鲜盒中静置定型，再切薄片、撒盐、用油煎，最后跟煎蛋搭配着一起吃，希望大家也跟我一样觉得美味，现在就试试看吧！"

75 / 学会煮汤

煮汤很简单又不容易失败，煮汤的手艺会随着年纪增长而越加精湛。提醒几个煮汤的要点：将新鲜蔬菜（洋葱、芹菜和大蒜）与鸡骨或猪骨一并放入锅中，小火炖煮数小时。我也买过市售鸡汤块，加入大蒜、洋葱和香草，以及其他我喜欢的食材，效果也不错。

如果先把蔬菜炒过、肉类腌过，再加到汤里，更能增添汤的风味。加到汤里的肉不用煎到全熟，只是先用一点植物油或奶油，在热锅中把肉煎到表皮焦香，慢慢煎就好，不用一直翻动。依个人口味，还能加入土豆、米饭或意大利面，更有饱腹感。

土豆或胡萝卜等比较硬的蔬果，炖煮一段时间才会熟透、变软，可以早一点放入炖煮，等变软了之后，再加入其他快熟的叶菜类。不能久煮，或是快熟的食材，最好等到快起锅前再放。起锅前记得调味，试试味道是否让人回味无穷！

● **特别食谱：治愈系的鸡汤面**

将半颗洋葱、一根胡萝卜和芹菜，切成同等大小。将一大汤匙的奶油融化于锅中，把蔬菜炒至软化，大约7分钟后，加入适量的水和鸡汤块（我常用美国 Better Than Bouillon 牌子的浓缩鸡汤块），再切一些煮好的鸡胸肉放入汤中，放入一大把面条（传统的鸡蛋面，但我实际上喜欢以色列蒸粗麦粉，其颗粒松散，方便用汤匙食用）。加些盐、胡椒、罗勒和牛至粉等调味料，一边加一边试味道，以免失手。最后把整锅煮沸，再转小火炖个20分钟。一道美味又疗愈的鸡汤面就煮好了。当你感觉不舒服的时候，来一碗这样的鸡汤面，能安抚你的身心哟。

76 学做好吃的三明治

好吃的三明治没有固定的做法，不同地方的三明治各有特色，选择几样你喜爱的食物，用吐司夹在一起吃，没有违和感就好。

三明治做法超简单，通常在吐司里放入一块肉、一片奶酪和一些生菜，就是一份美味可口的三明治了。制作三明治的吐司尤其关键，挑选好一点的，最好别买一般超级市场满架都是的便宜吐司，做三明治前先将吐司烤过，增加香气，才不会湿湿软软的。加美乃滋更增添风味，也可以依个人喜爱的口味，用牛油果泥、芥末或软质奶酪片替代。经典组合是用培根、莴苣、西红柿和牛油果做成的三明治；或是意大利腊肠加波罗伏洛奶酪；烤牛肉加切达奶酪；火鸡和瑞士奶酪；火腿加上大量奶酪。

制作烤奶酪三明治时，先在外层的面包上涂一层黄油，让奶酪更好吸收，然后放上厚厚一层奶酪，均匀撒一点盐。加热煎锅，把三明治放在上面慢慢烘烤，开始的时候可以用锅盖盖住加热，给三明治翻面后，就可以开着锅盖继续加热了。

77 / **精通肉类沙拉的做法**

精致的肉类沙拉不管是在午宴或晚宴上端出，都很得体，通常午宴一定要准备肉类沙拉。

烹饪达人莎拉制作的沙拉总是令人垂涎三尺，她的指导应该会对大家有些帮助，她说："好吃的沙拉就是要有绿色蔬菜或水果、坚果或肉类，而且绝不能没有奶酪。"比较简单的方法，就是从下列她的建议清单中，每种选一样来搭配。

◆ 绿色蔬菜：什锦蔬菜、菠菜、甜菜丝、芥菜、水田芥和莴苣。

◆ 蔬果：苹果、梨子、芦笋、黄瓜、蒸熟的西蓝花、牛油果、西红柿、胡萝卜，可从中选两到三样。

◆ 坚果或肉类：培根、鸡胸肉、烘烤过的坚果。

◆ 奶酪：所有奶酪，全世界所有奶酪都和沙拉很搭。

● 如何制作沙拉酱

买超市的沙拉酱的确方便，但有时兴致一来，也会想尝试自己动手做。

达人莎拉提供了简易油醋汁的调制方式：将1/4杯的黑醋、1/2杯的橄榄油、两大汤匙的芥末、一撮盐巴、一小撮胡椒粉放入碗中搅拌，或者倒入罐子里晃匀。若要避免一次加了过多油醋汁，最好的方法就是在碗里只先放生菜类，慢慢地把油醋汁倒一些在生菜上，拌一拌，尝一下生菜的味道，决定是否再继续添加油醋汁，调好味道后再把其他食材拌进去。

78
学会一道土豆料理

说真的，不要去吃那些速食的土豆泥，就是超市里卖的那些用水冲泡的方便土豆泥。和真正的土豆泥比起来，那些速食土豆泥真的太渣、太难吃了。既然土豆泥是世界上最好吃的食物之一，作为一个生活在21世纪的现代人，我们应该让它变得更美味，而不是让它变成一团稀粥般的糟心食物。

那么，下面就是真正的土豆泥的做法：

◆ 第一，把土豆（黄皮、白皮或紫红皮都可）切成四块或八块，我是没有去皮，但如果你们想要去皮也行。

◆ 第二，放些盐巴到滚水中，尝一下，不需要像海水这么咸，但至少要到尝得出咸味的程度。

◆ 第三，把土豆放入水中，大约16分钟后，土豆应该就差不多了，若你不确定是否熟透，用叉子试看看能否轻易穿透。

◆ 第四，沥出多余的水，再把锅子放回炉子干烤30秒，让水分完全蒸发。加入一些牛奶、两或三大匙的奶油和些许黑胡椒。用专门的土豆泥搅拌器或叉子搅拌。

◆ 第五，美味的土豆泥完成。

除了上述原料，还有很多美味的食材可斟酌加入使用，譬如奶酪粉、酸奶油、培根碎和培根的油脂、牧场沙拉调味粉和烤大蒜。

● **特别食谱：烤大蒜**

将大蒜顶部切平，放在锡箔纸上，淋上些许橄榄油，用锡箔纸将整颗大蒜包裹起来，放进玛芬杯形烤模。以220摄氏度烤个35分钟左右，大蒜就变得热乎乎、软绵绵，大功告成啦。除了将烤大蒜放入土豆泥，我还会加压碎的丁香，经过烘烤的大蒜，散发着蒜香，还有香甜味，喜欢大蒜的人一定会很爱绵密顺滑又充满大蒜香味的土豆泥。将烤大蒜直接抹在面包上，或是加进意大利面料理也都非常好吃。烤大蒜真的很赞！

● 特别食谱：烤土豆

大家应该都吃过烤土豆，了解烤过的土豆是什么样子。准备一个黄褐色土豆，将烤箱预热至190摄氏度，将土豆上的泥土洗净，用植物油在表皮刷出一层油亮的光泽，这里用各种植物油都可以。

接下来你有两种方法可选择：用叉子在土豆的表面均匀戳洞，外皮才不会因烤熟而裂开；或是用锡箔纸将土豆包裹起来，大约烤一小时，戴烤箱手套，小心地轻轻压压看，就知道是否烤熟了。另一种方法是直接将土豆切半，在上面放上你热爱的任何食材或酱料，再拿去烤。

79

学会如何让鸡肉熟透又不柴

如何烹煮简易又美味的鸡肉料理，最重要的是，不要因为没煮熟而感染沙门氏杆菌。

◆ 第一，先去市场或超市买一些鸡腿，鸡腿是鸡肉最可口的部分，有些人可能懒得处理骨头，那就买鸡胸肉吧，但恕我实话实说，懒得处理骨头的人根本就没资格吃肉！

◆ 第二，将烤箱预热至200摄氏度。

◆ 第三，将鸡肉放在砧板上，均匀涂抹橄榄油，撒上大量盐和胡椒，别手软，就是要放非常多，依照自己的口味可放柠檬或迷迭香，或加一些酱油、姜片、大蒜，让调味料均匀覆盖鸡肉。

◆ 第四，将鸡肉放上烤盘。如果没有烤盘，去百货商店买一个，预算不够的话，慈善二手商店也有不错的选择。

◆ 第五，因为生食上带有许多致病的细菌或寄生虫卵，所以生熟食要分开处理，碰了生的鸡肉，就别乱碰别的熟食，必须洗干净了再拿，避免遭到生鸡肉的细菌污染。

◆ 第六，把鸡肉放进烤箱，等待的30分钟不妨看个情境喜剧或电视剧。接着把烤箱调到180摄氏度，再等差不多10~30分钟就完成了，准确一点来说，大约十几二十分钟。

◆ 第七，总是要确认有没有熟，才能避免感染沙门氏菌。可以用尖锐的刀子戳戳看，已经煮熟的鸡肉，流出来的肉汁会比较透明澄净，代表你可以尽情享用这道安全的料理，没熟的肉汁则会带点红色或粉红色。

◆ 第八，如果没熟透，一定要再继续烤！这样你就能享受安全美味的鸡肉啦。

若你想做一道能在派对或聚会惊艳全场的鸡肉料理，我有个食谱分享给大家，改良自烹饪节目主持人艾娜·加藤的美味佳肴"完美烤鸡"。我也推荐大家去买艾娜·加藤的食谱书，她的每一道料理都非常厉害。

● **特别食谱：完美烤鸡**

◆ 一只烘烤鸡（2500~3000克）

◆ 粗盐

◆ 一大束新鲜百里香（大约20小枝）

◆ 一个柠檬（切成两半）

◆ 一个蒜头（横向切成两半）

◆ 两大汤匙奶油（将之融化）

◆ 现磨黑胡椒

- ◆ 一大个洋葱（切成厚片）

- ◆ 四根胡萝卜（切成5厘米长块状）

- ◆ 八个红皮小土豆（切成半）

- ◆ 橄榄油

首先，前一晚先进行"干式盐渍"，意指将鸡肉食材先抹盐静置一个晚上，别因懒惰就省略此步骤，抹盐能让隔天烤出来的鸡肉多汁又入味。把鸡放在平底锅上清除内脏（敢做这一步骤的人真的很勇敢！不是每个人都敢自己动手清内脏！清完就赶快丢掉，别再回想！），把整只鸡均匀抹上盐巴，每约2500克的鸡肉，至少要加一大汤匙的粗盐，再用保鲜膜包起来，放冰箱冰一整晚。盐一开始会导致肉出水，接下来蛋白质纤维会软化，开始吸收之前出的盐水，让食材烹煮后依旧软嫩多汁，外层更有风味。

将烤箱预热至220摄氏度，把百里香、对半切开的柠檬和大蒜塞进放置一晚的鸡肉中，在鸡肉外面抹奶油，撒上胡椒，将洋葱、胡萝卜和土豆放在烤盘上，再洒一些盐巴、胡椒、20小枝百里香和橄榄油，所有原料都铺好，鸡肉以鸡胸朝上的方式放在烤盘上。

烤一个半小时后，稍微切一下鸡腿，确认肉汁是否清澈透明。确认熟了以后，把鸡肉和蔬菜放到大浅盘，用锡箔纸盖住静置20分钟再食用。

等待鸡肉烘烤的90分钟之间，你还可以准备别的料理或稍作休息，这道料理在晚宴上拿出，不管是外观还是美味程度都能惊艳全场。提醒一下，约2500克的鸡肉大约是四人份。

80

煎出鲜嫩欲滴的牛排

用铸铁锅煎出来的牛排最美味，厚底锅也可以，但美味稍减。我最推荐肋眼牛排，不管是味道还是口感都恰到好处。一般来说，侧腹横肌和腹肋的部分比较有嚼劲，没那么软嫩，但牛肉味道也比较鲜明，而菲力牛排被认为是牛肉最嫩的部位，但味道较不明显。

我喜欢用Allegro腌泡汁来料理牛肉，第一次在密西西比州吃到就大为惊艳。如果你只喜欢吃原味，不喜欢浓重的腌料味道，也可以只加盐和胡椒。在烹煮前30分钟，先把牛排从冰箱里拿出来，看你是选择腌渍还是撒上大量盐和胡椒。

将锅子预热，加一点油（最好是奶油），如果是用铸铁锅，可以不用等锅子热就直接放牛排进去，两面各煎至少3分钟。

如何确定煎好了？用洗干净的手压压看。举起你的左手，在放松的情况下将四根手指分别与大拇指相触，用右手按压大拇指下方的肌肉，依照软硬来判别熟度。手完全放松的时候，按压起来是生肉的触感；手指没有弯曲，但稍微用点力时是一分熟；食指和大拇指相触是三分熟；中指和大拇指相触是五分熟；无名指和大拇指相触是七分熟；小拇指和大拇指相触的触感是全熟。

煎好的牛排不能马上食用，先放在砧板上，用锡箔纸覆盖，大约静置10分钟再开动。

81
准备一个慢炖锅

慢炖锅是一种非常方便的烹饪锅具，尤其是对于住在寒冷地区的人。早上将生肉和调味料放入慢炖锅，设定在较低的温度，温度会以非常缓慢的速度上升，然后保持恒温，差不多炖10小时后，就能吃到入口即化的软嫩猪肉。在用慢炖锅炖的时候，不用一直在旁边顾着炉火。一回到家吃到慢炖肉料理，再加上整间屋子充满肉香味，着实幸福。一定要试试看！

举办晚宴

也可以举办午宴，或是晚餐后的派对。如果你一想到要举办这些，就感到焦躁不安，可以在正式派对的前几天，先尝试准备一次，这样应该能缓解紧张的情绪。先从举办晚餐后的派对开始会比较容易，主要是准备甜点、咖啡和饮料，如同午宴一定要有肉类沙拉（请见第77步），再多准备些面包和奶酪，对晚餐后的派对来说，其实足够了。

一切就绪，就准备大展身手了。先放风声，让大家知道你准备办晚宴，列一个宾客名单，邀请大家前来参加。四个人就足以举办晚宴；如果你还不熟悉晚宴准备方式，八个人可能有点多；六个是刚刚好的人数，尤其是一般家中都必备六组餐具。

煮一些你的拿手料理，这种时候绝不要轻易尝试创意料理，先想好下午该准备什么和料理的顺序，最好是先把需要长时间烘烤的料理准备好，放进烤箱之后，剩下的时间就可以准备其他菜肴。

把料理全部完成前，开胃菜可让客人先垫垫胃。从客人进门到开始用餐中间大约要留45分钟让大家寒暄，这时候你就可以请比较熟的朋友一起帮忙准备食物。

尽早整理桌子摆设，避免时间紧迫时手忙脚乱。想要有别致的晚宴风格，要先了解餐具摆放的秘诀。一搬来说，每一道料理会有各自搭配的一组餐具，沙拉和主菜的餐具就是分开的。刀叉和汤匙依使用的先后顺序排列。最先用的放在离主菜盘最远的外侧，后用的放在离主菜盘近的内侧。

宾客通常会期待晚宴吃到肉类、淀粉类和蔬菜，譬如说烤鸡、烤蔬菜，再搭配个沙拉，就很完美。如果已经附上土豆、意大利面或米饭，就不需要提供面包。晚宴有甜点容易让大家留下深刻印象，但没有也罢，不强求。有些宾客会询问是否需要带点东西来，就请他们带甜点或酒。

83

做一道奶酪拼盘

如果不想做复杂的千层酥皮料理，奶酪拼盘是一个简单又美味的选择。食材包括：

- ◆ 软质奶酪（布利奶酪、卡芒贝尔奶酪、罗克福奶酪、莫恩斯特奶酪）。
- ◆ 硬质奶酪（佩克里诺奶酪、蒙契格奶酪、艾曼托奶酪）。
- ◆ 香橙奶酪（切达奶酪、科兹窝奶酪、高达奶酪）。
- ◆ 面包或饼干（两块奶酪至少要一样面包或饼干搭配，三块奶酪则需要两样）。
- ◆ 配料（草莓、橄榄、腌制芦笋、炒蘑菇、朝鲜蓟，等等）。

由数种奶酪组合成一盘，要注意各种奶酪之间的口味、质地及颜色的搭配，才能有令人赏心悦目又美味可口的呈现，搭配斜切面包吃更添风味。别忘了摆放奶酪刀或奶油刀。

84

别排斥酥皮料理

酥皮总是有画龙点睛的功用，让所有平庸、无聊至极的食材摇身一变成了香气四溢的美食，这一切都归功于酥皮中的奶油。前来参加晚宴的客人吃到美味的酥皮料理前菜，肯定开心又开胃，晚宴不能少了它！

烹饪达人莎拉对于酥皮的看法是这样的："前一天晚上要先把隔天要用的酥皮从冷冻室拿到冷藏室，使用之前如果还没完全解冻，把酥皮放在袋子里，在料理台静置一小时。别放超过一小时，太热很可能会让酥皮粘住，更难处理。

"约一小时完全解冻后，将酥皮放在砧板上，用保鲜膜或纸巾覆盖，上面再放另一块酥皮，一样是用保鲜膜或纸巾盖住，静置大约20分钟，就能开始做料理了。砧板与面皮上撒少许面粉，不要撒太多，让酥皮变成白色。"

酥皮通常是正方形的,切成九宫格,方便做成开胃小点。

这样酥皮就差不多准备好了,接下来该怎么做?在每一小块酥皮中间挖一个小洞,放入喜爱的食材,像炒香肠、苹果丁、炒蘑菇碎(盐、胡椒和百里香调味),或是莓果加糖的甜口味,最后再拿去烘烤!也可以先单烤撒上糖粉的酥皮,再放上新鲜水果和发泡鲜奶油。简直是令人难以置信的美味!

● 特别食谱:发泡鲜奶油

手作的打发鲜奶油好吃程度真的非笔墨所能形容,尤其是和市售鲜奶油做对比的时候,很容易吃出明显差异。

◆ 如何打发鲜奶油:先把搅拌器放进冰箱至少20分钟,让搅拌器变冷,因为搅拌的时候会摩擦生热,鲜奶油温度升高之后会奶油化,所以要尽量维持低温。将准备打发的鲜奶油放入碗中,用搅拌器快速打至湿性发泡(整个鲜奶油的表面会看来很光滑,用搅拌器捞起来,泡沫会形成一个下垂的尖端)。将鲜奶油打发后,再慢慢加糖一起打,一杯鲜奶油约撒一汤匙的糖。依自己喜好,加些许香草精、肉桂或肉豆蔻等香料,或是可食用的精油,例如薰衣草精油。

85
家中随时备有小点心和无酒精饮料,以备不时之需

曾经有个朋友经过我家,顺道拜访,客气地询问我是否有点心或水。人家都已经开口了,我却尴尬得不知道如何回答,因为家里只有前一天的剩饭菜和还没煮开的自来水。保险起见,家里还是要随时准备一些饼干、奶酪或葡萄等水果。冰箱里也准备一些冰水,看你住所地区的水质来决定是要用水壶煮水,还是使用BRITA滤水器,改善饮水质量。

用正确的方式洗碗

即使你有洗碗机，也一定有机会动手洗碗，譬如说木制餐具（砧板和牛排刀）、铸铁锅，特别是任何精致易碎的餐具（高脚酒杯、瓷器或银器）。

下面是清洗餐具（铸铁和木制器具除外）的小技巧：把干净的水槽注满温热的水，加一些美国知名的黎明牌（DAWN）洗洁精。将脏碗盘放入水中，静置20分钟后，把手套戴上，开始洗碗！用百洁布将它们一个一个慢慢仔细擦洗，用热水彻底冲干净，放到餐碗晾干架。特别注意会积水的餐具（杯子、碗和边缘较高的盘子）要倒放或倾斜，让水排出。

木制餐具久泡水中容易变形，用加了洗洁精的水快速彻底地清洗就好。

铸铁非常容易生锈，绝对不能泡水，用热水将锅子冲洗一遍，用绒毛刷或海绵轻轻刷洗铸铁，不能用钢丝刷或百洁布。开小火，慢慢将锅子加热至完全干燥后关火，然后在锅面抹上薄薄一层植物油来保养。

一点小讨论

（1）铸铁锅具的养护程序这么复杂，为什么很多人还说使用铸铁锅具轻松容易？

（2）料理牛排的时候，会不会因为想到你的手也是一种肉类而感到怪怪的？

（3）你觉得什么样的三明治搭配会让你无法接受？请举例。

假装久了，
自有它成真的力量

如果你已经看到了这一章，恭喜你，你已经了解了生活的很多基本规则，你终于开始像个大人一样用心去生活了。那么，从这一章开始，让我们学着假装自己是个成熟的大人吧！

"等等！"你可能会一脸怀疑和担心地问我，"假装成熟？假装……不太好吧？"

事实上，"假装"也有好的一面，别错怪它了。

还记得我们在第一章讨论过目标和行动的关系吗？如果只有目标，而没有行动，势必无法真正改变你的人生。你可以假装愉快的样子，或假装自己的生活环境一直保持整洁，渐渐地，当你的习惯养成了，你会发现，你真的变得愉快起来了，你的生活环境也真正发生了改变。

再说了，一点点的假装，对我们来说也是很必要的。人的本性里，难免会有疯狂、懒惰和阴郁的一面，如果每天都完全放纵自我，那人生也就完全失控了。你肯定不希望你身边的人都是一群长不大的孩子——如果世界上充满了失控的人，那该是多混乱的场面啊。

一个人怎样做，才能让自己变得聪明、成熟、善于社交、充满魅力？最简单的方法就是让自己像一个聪明、成熟、善于社交、充满魅力的人那样去行动。一旦你开始假装自己拥有这些特质，你的思维模式就会随着你的行动而开始转变。渐渐地，你终将成为你想要成为的那个人。

记住，大多数时候，人们看到的只是你的外在表现

我们总是会出现各种内心小剧场，但事实上，不可能有人听得到你心里的声音。大家不了解你中学时的经历，也不清楚你哭过之后脸红如煮熟的虾子，更不知晓你今天早晨或10分钟前身处何处。大家只看得见你当下的模样，听得到你当面说的话。就算当下的样子是假装的也无关紧要，如这个章节的标题所说，假装久了，自有它成真的力量。你希望表现出什么模样？

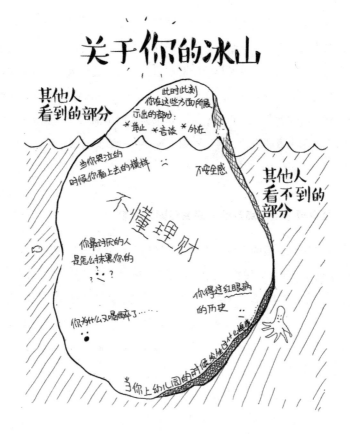

88

喂，管好你的嘴

曾有过因讲话讲太快而说错话的经历吗？那种失言，常常不是一句道歉就能弥补的，短暂地欠缺思考，却可能造成永远无法补救的后果，让你至今都后悔莫及。例如八年级的体育课上，可能不经大脑，你就对好朋友说了一句伤人的话，之后再苦苦哀求也得不到对方的原谅。我承认，我以前常常说错话——让我非常非常后悔的话，但现在随着年纪增长，我也慢慢学会避免不经思考地失言。

美国饶舌歌手图派克·夏库尔有一句歌词："喂，管好你的嘴！"这句歌词的背后有个真实的故事。图派克·夏库尔是美国西岸嘻哈界的重量级人物，他和东岸嘻哈界的代表性人物之间有恩怨，最终引发了当时闹得满城风雨的东西两岸嘻哈对抗事件。所以这句歌词虽然听起来比较直接、激烈，但其实也适用于每个人。不是每次你脑中蹦出什么想法，就一定要让整个宇宙都听到。如果你按照下面的一些步骤去做，就能大大减少失言的机会，再也不用一直为说错话而道歉。

89

至少要涉猎一点当地、国家和国际大事

关于国际发生的大事，你不需要知道所有的细节，譬如爱沙尼亚的议会选举，但有内涵的大人都应该了解一些基本的常识，比如现任德国总理是谁，NATO 是哪个组织的缩写，国际性的重大赛事都有哪些。

当然，国内的事务你更需要有基本的了解。至少你要知道国家的领导人是谁，目前发布了什么全国性的政策，以及你所在的地区未来几年的规划大概是什么样子。

很多事情虽然不会对你的生活产生直接的影响，但这不意味着它们就不是重要的事。政治不一定非要用严肃的态度来谈，我就喜欢和朋

友讨论各种政治党派能以什么动物来代表（君主主义者如猫，民主党如同拉布拉多，无政府主义者似浣熊）。我虽然不会随时关注非洲的动态，但也不至于漠不关心，毕竟每个人都有了解身边正在发生的大事的责任。

当然，大家都知道要关心世界大事，只是有时候就少了那么点动力……嗯，这么说吧，随时关注世界动态会让你在社交中显得更有内涵、谈吐更有趣（请见第113步），也不会不小心脱口而出任何蠢话。就像有一次，我问一位来自波多黎各的朋友，来美国玩得开心吗（我居然忘了波多黎各是美国的自治区）。如果你了解一定的地理常识，就不会发生我这种糗事。关心国际动态，说不定哪天就会派上用场。

90

每天至少花 10 分钟看新闻

未必要特别拨出时间，正襟危坐地看新闻，但为何不利用一点吹头发的时间，浏览一下最近的新闻事件呢？

91

树立你自己的观点

事实上，总有那么一群人在操纵着你对新闻、政治或其他信息的看法。他们不是新闻记者，而是所谓的学者、时事评论者、分析者或专栏作家。如果你要摆脱其他人的诱导，形成自己的观点，那你就要根据事实和证据，谨慎评估，消化吸收，结合你的价值观做出合理的判断。这样你才能真正培养出批判思考的能力。

下面是推荐的逻辑思考方式：

◆ 吸取事实→根据自己的价值观和信仰体系分析和判断→提出意见

下面是不推荐的思考方式：

◆ 从媒体、父母或伴侣身上听取意见→不经思考，直接用这些意见和他人辩论

看新闻时，应该明白如何分辨哪些是有用的新闻而哪些又是把自己的价值观强加在别人身上的"新闻"，小心后者，常看这种"新闻"绝对会让你变笨。

92 / 彻底改变你对派对的认知

人人的派对和大学生的派对有着天壤之别。虽然都是朋友自己在家举办的随性派对，但目标不再只是喝醉、玩得尽兴或勾引到谁。

我的亲友邦妮是一个非常棒的派对达人，她在派对上非常懂得照顾大家的感受，能随时缓解尴尬的气氛，让参加派对的每个人都感到舒服自在。她教了我许多社交礼仪，教会我在参加派对时哪些是该做的、哪些是不该做的，教会我如何参加那些最棒的派对以及当我被邀请参加派对时，什么样的穿着才比较得体。

93 / 如果有人邀请你去派对，别回答"可能"

当有人向你提出某种邀请时，你一般有三种选择：

◆ 选项一，接受邀请。

◆ 选项二，婉拒邀请。

◆ 选项三，回答说："噢，感觉不错，真想参加，我先确认一下我的时间安排。"然后在一天之内回复是否接受邀请。

你是否发现，这里没有第四个选项——可能？因为"可能"代表了太多的含义，而任何一种含义都不会让你的邀请者感到高兴：

"我或许会去参加，只要没有什么更有意思的事发生的话。"

"你的邀请对我来说并不是那么重要，所以我不到最后一天不想做出决定。"

"我是个连对抽出一下午时间去干点什么事都没办法做出承诺的人。"

我也时常对收到邀请感到苦恼，因为每当我婉拒对方的邀请时，我都会感到很不好意思。但事实上，拒绝邀请要比逃避回复强多了。拒绝邀请，最多会给对方带来一点失落感（但说真的，就算你不去参加某个聚会，你也不会毁掉那个聚会的），但如果你什么都不回复，或者给了一个模棱两可的回复，就像是"可能会去"这样的说法，那你给对方带来的困扰就大得多了。邀请人不知道能够到场的具体人数，不管是准备场地还是准备食物，都会伤透脑筋。只要简短的回答"去"或"不去"，就能让主人省事许多，何乐不为呢？

当然，如果你收到的是婚礼的邀请函，那对方的期待值也会比一般的派对高。你需要考虑的也更多，包括：

◆ 我的出席与否，会影响邀请者事先的预算和准备计划吗（想想看婚礼和晚宴的筹办过程吧）？

◆ 这个婚礼是大规模的还是小规模的？如果参加者的人数少于15人，你的缺席就会特别显眼。

◆ 如果不参加这次婚礼，你是不是短时间内都不太有机会见到新人了？如果是这样，即使是大型的饯别派对，还是要记得回复邀请函。

◆ 不管是怎样的邀请函，回复准没错，因为通常主人得依照回复计算会有多少客人出席，而预先准备酒、水、食物、桌椅、交通等事宜，不回复会让邀请者毫无头绪。

短暂出席派对，总比完全不参加来得好

要举办一个派对有多困难，你知道吗？尤其是精心设计的派对，可是个大工程。主人为筹办一个精彩的派对而费心，要的就只是你的热情参与，只花你几个小时而已。要是你真的非常讨厌这个派对，试试看我朋友莎拉的方法："假如我去了美国习俗的产前派对，当我祝福完即将生产的准妈妈，或是跟三个人闲聊过后，我就可以开溜了。"如果你打算试试她的办法，那么下面这一条你要认真看好了。

学会如何在派对中不失礼貌地开溜

每次都在为不得不去的派对烦恼吗？来吧！相信自己是去派对吸引全场目光的，也说服自己可以半途开溜，这样你就不会太痛苦了。况且这是可随意走动的轻松派对，而不是要正襟危坐的正式派对，这么想应该会开心许多。

下面是给你的建议：准时出席，主人会对你的有礼貌印象深刻，以后去你的派对也会如此给你面子。主人通常怕没人前来参加，看到有人准时出席，也会松一口气。然后最少跟大家寒暄、闲聊半小时，至少和三组不同的人攀谈。在聊天的过程中，看似无意地用一种很遗憾的语气，留下"你无法在派对久留"的信息，要表现出非常想留下来的样子。

别捏造一大堆借口，只要说"这个派对很棒，可惜我无法久留"就可以了。编造越多借口，就越容易露出破绽。不用解释你为何要离开、要去做什么、你多想留下来，讲了这么多也无益，说一句"不好意思，我要走了"就好。

倘若有人问你原因，只要简短地说你已有约。这是你的私事，没必

要公开说明，更不需要承认你只是单纯地不愿久留。

96
别因为别人光鲜亮丽而自卑

长大后，必定有机会参加对你来说高不可攀的活动。可能是意外拿到免费球票，或朋友的朋友正在跟名人约会，让你也能顺带参加一些高端的活动。有些人一生可能都参加不了类似的活动，你该为此感到兴奋。

活动中总会遇到许多光鲜亮丽的人物，别妄自菲薄，光鲜亮丽人物的真实人生有可能是金玉其外、败絮其中，他们为了掩饰自己的不足和自卑，才上了一层保护色。

所以，你并不需要感到自惭形秽，认为自己不适合出现在那个场合，想找个地洞钻。邦妮提醒："你们都出现在同一张宾客名单上，没有高低之分。"

97
对任何活动都装出熟悉、习惯的样子

这也是邦妮告诉我的，对我人生许多方面都帮助甚大。不管是参加任何活动或面对任何情形，别表现出第一次遭遇时的惊慌失措，最好是用老练的言谈举止面对所有陌生的突发状况，即使是假装的也行。你装作熟悉、习惯的样子，别人也就这么相信了。

98
即使派对中没有认识的人，也别站在那儿发呆

人总是无法忍受独自站在那儿发愣的尴尬时刻，以为大家都在看着你，推想你怎么会没有朋友，看起来又可怜又孤单，然后猜疑你是不是

人格有什么缺陷，才会交不到朋友。

其实大家根本没注意到你独自一人，甚至根本完全没发现你（请见第10步）。为减轻这种情况带来的焦虑感，找个人群聚集排队的地方（厕所、自助餐厅或吧台等），鼓起勇气和身边一起排队的人聊聊天吧！可从你们的共同点开头：你们参加同一派对，此刻同样在排队。若聊不下去，就礼貌地换到别的排队队伍，物色其他聊天对象。

99

假使你忘了对方的名字，用点小技巧让对方自己说出来

我老是忘记对方的名字，很多人应该也有相同的困扰，总是很难记住别人的名字，如同早晨阳光照射下，瞬间消失无踪的云雾，别人的名字也在我脑中一闪而过。最尴尬的时刻莫过于刚问完对方的名字，下一秒就忘记了，你也不希望别人忘记你的名字呀。容易忘记别人名字是因为大脑会按照自己的规矩来，思考自己该说些什么、怎么说，而不是注意观察和聆听别人。

参加聚会的时候，假如真的想不起某人的名字，等到另一个你认识的人加入谈话，再让他们帮助你，问出某人的名字。另一种方法，询问对方的手机号码，拿出手机要储存时，再问对方的名字怎么拼写。假如上述方法都失败，试试看聊些与名字相关的话题（不知道我改名成艾斯米拉达能不能为运势加分），说不定会让对方主动说出名字。

100

多聆听，少说话

人缘会因此变好。人总是会想对自己的事侃侃而谈，如果表现出专注、积极的聆听态度，大家相信你乐于倾听，就会跟你掏心掏肺，愿意与你分享任何快乐或悲伤的经验。在你试图"说"之前，你必须先学会"听"。

101/ 光是聆听还不够，还必须搭配发问的能力

大家都知道，面试时要向考官提一些有建设性的问题，但别在问了好问题后就陷入沾沾自喜、得意忘形的状态，却忘了要仔细聆听考官的回答。任何一个问题（只要不是简单的是否问题）都可以延伸出更多的话题。即使对方的回答非常简短，你依然可以把一个安静害羞的人带入新一轮的话题。

举个例子：

- ◆ 提问：你是哪里人？
- ◆ 回答：休斯敦。

如果你想继续和对方聊下去，下面是一些你可以试着延伸的话题：

- ◆ 那么，你是休斯敦德州人队的粉丝吗？你去过某某地方（讲出你曾去过休斯敦的某个地方）吗？你在休斯敦住了多久？你觉得休斯敦是个什么样的地方？休斯敦跟你们现在所处的城市有什么不同？

102/ 别一开始就讨论宗教信仰或政治倾向

最好不要一开始就把话题谈得太深入，比如讨论对宗教的看法、你们的政治倾向或是你为什么不跟天蝎座的人约会。你自己感兴趣的事物，不代表别人也同样如此，除非他人询问细节，要不然就别说。有些人只是因为客套才敷衍地问一下，这时候也不需要回答得太详尽。

讲太多容易得罪人，或是因价值观不同而产生冲突，也有可能让人兴趣缺缺、昏昏欲睡。一段谈话让人昏昏欲睡或针锋相对是最要不得的，清楚简短地说明自己的立场就够了，别把气氛搞僵。

邦妮说："聊天时谈到自己非常热爱、深入研究的事物，很可能显得爱说教。分享你的兴趣没有错，只是有时别人并不领情。"

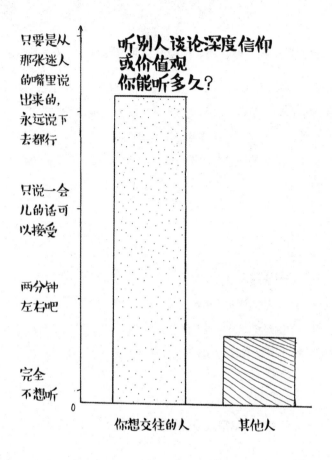

只要是从那张迷人的嘴里说出来的，永远说下去都行

只说一会儿的话可以接受

两分钟左右吧

完全不想听

0

听别人谈论深度信仰或价值观你能听多久？

你想交往的人　　　其他人

103

千万不要公开评论他人的身材

　　评论别人的身材并不是个好话题，谁都没有资格批评他人的身材。除非他们自己主动讲，要不然就别说某人看起来好像怀孕了，或是最近看起来很疲累。很有可能他们只是最近变胖，或是即使精神很好，他们天生就长着一张容易显得憔悴的脸，这并不是他们的错。一般孕妇过了未满三个月不能告知亲友这一民间传统期限后，通常都很乐于与大家分享，所以别随便说别人看起来像怀孕了。

即使某个人手臂上打了石膏，也别多问来龙去脉，他可能不想再提起受伤的原因，或是已经连续好几个星期都被人追问事情的原委，他也已经厌倦说明了。拿我自己举个例子，有一次我经过某个不太安全的公园时，不小心绊倒了，摔断了手臂。每次我解释理由的时候，都会有很多人以为我是喝多了才摔倒的，事实上那天我压根儿没有喝酒。但就这么一件事，我花了整整八个星期向所有人解释。我真的感到无比腻烦。

当然，如果你遇到了喜欢谈论自己伤势的人，那就是另一回事了。我们后面几步里会逐一讲到这些情况。

104

别讨论别人天生就有的东西，你可以聊聊他做的事

最简单的例子，别称赞一个高个子长得很高，说了等于没说。

我们的生理特征大多是由遗传的力量决定的，我们无法决定自己是高是矮，是出生在加拿大还是亚洲，是出生在富有的家庭还是一贫如洗的，是天生红发还是黑发，是喜欢同性还是喜欢异性，这些都无法靠后天的努力改变。

所以，不能用生理特征来评断一个人的价值。重要的是一个人的作为，我引以为傲的是我的写作技能，而不是我迷人的红发，红发是因为遗传基因，但写作是我竭尽心力琢磨练习的成果。先天条件并不能代表什么，你在后天发展上愿意付出多少努力，才是你真正能控制的因素。

105

别八卦他人不好的回忆

有人向你吐露心事时，不要追根究底问得太深入。当他说他妈妈过世了，别问原因，别问来自新奥尔良的朋友有关卡崔娜飓风的事，也别问纽约人"9·11"当时的惨况，用对方家乡的人事物来当话题并没错，

但讲到那些惨痛的回忆就是在别人伤口上撒盐。他们想告诉你的话，你不问，他们自然也会主动向你吐露。

相反，若有人问到了你的痛楚，你可以这么说："要再回忆一次当时的情形实在太痛苦了，我无法聊这个话题。"虽然这样的回答可能太疾言厉色，但本来就该提醒对方，有羞耻心的人马上就会感到抱歉。

106
自己的身体状态，不用告知所有人

常听到有人跟不熟的人谈起他们自己的身体健康问题，详细描述症状，甚至连便秘问题也大肆谈论，事实上，经常讨论你的一堆大小毛病，会让人感到尴尬或恶心。别人并不需要知道这么多，他们也不在意，你是否大病初愈，或是你如何战胜病魔，都不关他们的事。讨论的内容需要设一个底线，他们最多只需要关心你感冒是否好一些了。

跟你比较亲近的朋友，当然会想跟你聊聊近况，因为是很熟悉的亲密好友，谈论这些就不要紧。小病还没什么大碍，生了大病总是需要亲密好友的情感支持的。这种话题仅限于亲朋好友之间，可别跟同事、路人或服务生讨论你肌腱炎的疼痛，他们一点也不在意！

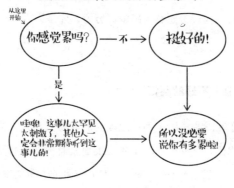

你应该跟别人提你有多累吗？

107
别跟不熟的人聊你的遭遇

没兴趣。好无聊。

108
假如有个陌生人突然莫名其妙讨好你，看他是否真的需要帮助

邦妮说："这样的人，也许是不知道怎么跟别人相处，或者是在求助。学会如何分辨他们是不自觉如此还是真的需要帮助。"

109
挽救惨不忍睹的对话

常常会有人聊得兴致高昂时，突然说出一句惊为天人的话，导致大家聊不下去，面面相觑，陷入尴尬困境。

《礼仪指南》就提到，如何让大家恢复之前的热络气氛是一门大学问，得从刚刚的震惊中抽离，想想该如何帮助说错话的人修补大家的关系。轻轻地说一声"我相信你并没有恶意"，接着赶快转移话题，是不错的方式。例如："我相信你那句话并没有恶意。对了！我忘了跟大家说个好消息……"

借由转移话题化解语言上的危机于无形，不失为挽救错误的好方法。巧妙地转移话题或许有些生硬，但大家也都清楚你是在帮助那个说错话的人，这确实是挽救局面的好办法。

110
假如说错话得罪人，赶紧道歉

说错话就真诚地承认错误，说一声"抱歉，我不该说出那样伤人的

话"。等待对方的回复，必要时再次表达你的悔意，对方原谅你了之后，就能转移话题。

别用狡辩的方式来掩盖错误，因为你毫无悔意，只会让对方更生气，绝不可能原谅你。

111 / 向别人提出批评性建议时，使用三明治式的沟通法

这就是"真话三明治"。

客气的面包片
"感谢你对我的关心，主动来跟我聊这件事。"

真话的肉片
"但事实上，这是我非常不希望想谈论的隐私，我现在依然不想谈起它。"

另一片善意的面包
"你真的是一个很体贴的朋友，相信你也能谅解我。"

112 / 别过问他人的性生活，这不关你的事

……除非你问的是跟你有性关系的人，那样的话，这就是你们俩的事。

曾经有人写信向《礼仪指南》的作者咨询，若遇到有人跟他们介绍同性恋伴侣，该怎么回应。答案很简单，就如同一般人打招呼，说一句"你好吗"，不需要有差别待遇。摘录一段《礼仪指南》里的话：

"我相信这世界上只有两种人：一种是爱多管闲事，连别人的性倾向也要当自己家里的事来管的人；另一种则是心胸开阔，认为不影响别人就好的人。"

所以，请记住，以下这些都与你无关：

◆ 谁和谁发生关系。

◆ 谁在床上有什么癖好。

◆ 某人和多少人上过床。

◆ 其他人的性倾向如何。即使不小心发现了，但是那个人并不想公开，就别多问，也别闲言碎语。

◆ 谁是不是想生小孩，或是他们是否已经怀孕，以及他们是计划中、意外怀孕还是人工受孕？

有人曾经询问或讨论过你的性生活吗？你是什么感受？通常不太舒服吧。与亲密好友聊天时讨论到性生活并无大碍，但这是很私密的事，所有人都不希望自己的性生活被搬到台面上被大家讨论或关注。

113 做个有趣的人

如果你是一个有趣的人，那么聊天的话题就很容易打开了。你的独特风格和奇趣经历，会让你的谈吐充满吸引力，也容易让你们的交流继续下去。如果你的朋友和你一起去参加派对，那么了解一些你朋友的趣事，也能让谈话氛围变得更轻松欢快。

比如我有一个朋友是明尼苏达人，平时非常低调，所以她从来都没主动提起过自己在高中时曾经当过冰球啦啦队队长的事。（这不是开玩笑！因为冰球是明尼苏达最受欢迎的运动，所以他们当然有自己的啦啦队！没错，冰球啦啦队！）所以，谁能把她这么有趣的经历介绍给其他人呢？当然是我了。我每次都会这么介绍她，每次所有人都非常感兴趣。想想看，啦啦队的所有高难度动作都是在冰上完成的，这可不是一件容易的事，你有几次机会能和一个冰球啦啦队队长面对面交流呢？

114 / 学习如何婉转地结束对话

与人交谈了好一阵子，总会想要结束话题，不可能在派对主人家聊天聊到天荒地老。适时巧妙地结束对话，是一种让对方觉得贴心的表现，也不会让对方觉得厌烦，之后才更容易有进一步的交流。只要将对话引导回一开始轻松简单的话题（派对有多好玩），就能礼貌与对方结束对话。

邦妮总是直截了当，她说："要结束对话并不难，就说'某某人以前就跟我提过你，非常高兴终于认识你了！'或'很高兴与你相谈甚欢'。对方应该也明白你们的谈话差不多就到这为止了。"

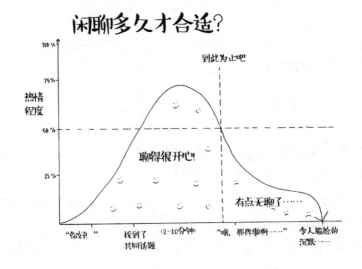

闲聊多久才合适？

寄送感谢卡

即使你并没有非常热衷于此次派对，还是该寄张感谢卡，由衷感谢殚精竭虑、用心准备的派对主人。

不管主人是如何招待你的，比如煮了一桌美味的晚餐、让你夜宿他们家，或带你乘船游玩，都是费心地款待你，对战战兢兢、生怕招待不周的主人，寄张感谢卡也是应该的。

寄感谢卡对你来说有益无害，各种场合结束后，都可以寄送。这本书的精髓就是希望所有人了解，想变成成熟大人的第一步就是开始寄送感谢卡，让对方感受到你的谢意。

让我来陪你一起用心生活吧!

某人请你吃大餐？寄送感谢卡。面试官于百忙之中抽空跟你面谈？寄送感谢卡。别人送你礼物？当然要写张感谢卡。有位礼仪专家曾告诉我，最好是在拆礼物前写感谢卡。

几年前我在南卫理公会大学校园中的女学生联谊会聚会场所，观察到得州联谊会的女学生特别喜欢公开表达谢意，布告栏里贴满数不胜数的感谢卡，那是最令我印象深刻又感动的感谢卡。我一直以来也都有写感谢卡的习惯，但与联谊会布告栏上的那些感谢卡相比，我的根本是不知所云。就如同迈克尔·乔丹和一个断了手肘的小男孩一对一篮球斗牛，完全无法比拟。

所以我从那时起，就模拟他们的形式写感谢卡。以下提供我写的感谢卡给大家参考，背景是我最好的朋友邀请我参加她的婚礼。

亲爱的安：

你真的是我见过的最美的新娘，即使有如此可口的餐点、华美的装潢和有趣的舞会，都无法掩盖你的风采，你吸引了所有人的目光，是全场最闪亮的焦点。能参加你的婚礼真令我欣喜万分，这是我参加过最棒的婚礼。非常感谢你邀请我参加。

凯莉

● **让我们做点小总结：**

◆ 以"你"作为开篇。因为每个人都喜欢听到关于自己的事情。而用一句对他们的清楚明确的赞美作为感谢信的开头准没错。

◆ 举几个例子，说明你为何感谢，细节意味着一切！

◆ 表明你的感受或者收获（让他们知道你因为他们的作为而感到开心，这是很温暖的一件事）。

◆ 感谢卡的最后，再次道出感谢，简单明了就好，譬如说"谢谢你送我这么棒的礼物"。

116
花些时间和心力在你认为值得关注的事情上

包括身心障碍儿童、动物或环境等议题，也可以关怀狱中犯人以及他们的孩子，抑或是游民问题。无论你多冷淡，总会找到一个你认为值得关注的社会问题。如果你尽己之力，就能让这个社会因你而有那么一点改变，变得更美好。你也能从中遇到志同道合的人，在你的简历表上再添上一笔，还能学习如何踏出你的舒适圈。

我的一位做志愿者的朋友说："先想好你愿意花多少时间做志愿者，再打电话给非营利组织，简单地自我介绍，表明你要去做志愿者的原因，以及你能帮忙哪些工作。"就这么简单，如果你想去做，总能找到机会的。

• 另一些你该注意的事

117
把无礼的人想象成水母

有人曾经告诉我，她把尖酸刻薄的人都想象成水母。水母总是无声无息地来到你身边，蜇伤你，毁了你一整天的心情，然后再漂走。当她遭到讨厌的人的言语攻击时，她就把它们当作水母发出的声音，不予理会。我后来也试过这方法，还蛮有用的。

水母毫不讲理，它们也不会响应别人的善意，总是破坏派对中大家欢乐的情绪。遇到水母，你可以使出三个撒手锏：避开、表现中立而不受影响，以及在必要的时候反击。

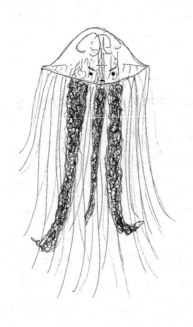

118
学习让自己成为"不粘涂层"

当然，说比做容易。但为了长远的生活质量，这是面对令你不愉快的人最有效的处理方式。

从现在开始，想象你就如同光滑无瑕的不粘涂层，任何顽固的卑劣行为、痛苦、怒气和疯狂，都无法在你身上停留，不需要为这些事影响自己的心情。告诉自己，你现在所经历的这些事，都如过眼云烟，只要你继续前进，不再对是非耿耿于怀，一切都会过去，这样眼光才能长远，视野才能开阔。

成熟的大人会清楚知道哪些事会随时间消逝、哪些事会改变你的一生，后者才值得你认真看待。

119
接受这个世界上存在浑蛋这一事实

有些人天生金发，有些人擅长棒球，有些人的兴趣就是整理满满一抽屉的纽扣。所以，无法避免有些人天生就是个浑蛋，毕竟这就是人类的奇特天性。

120
为了你的内心平静，试着同情那些浑蛋吧

成为一个卑劣、刻薄的浑蛋，本身就已经是一种惩罚。想想你遇到过的最难相处的人，你觉得他们生活得开心吗？你觉得像他们那样浑身是刺地活着，能感受到幸福吗？说不定他们对待自己也像对待他人那样尖酸刻薄。所以，我们应该给他们更多的宽恕和怜悯，转个念头，自己的内心也会得到平静。

这可能非常困难，但或许你可以试试下面这段稍作修改的宁静祷文：

上帝啊，

请赐予我宁静，让我无视他们的言语；

请赐予我好运，让我不再遭遇他们；

请赐予我自觉，让我一辈子都不会成为他们。

121
他并不是针对你

如果你在杂货店买东西结账时，店员对你摆出了不悦的脸色。让我们来看看有几种可能性：

◆ 他因为薪水过低，还要做一堆杂事，而感到不悦。

◆ 他早上才刚跟伴侣吵完架，心情尚未平复。

◆ 他喉咙发炎，不舒服。

◆ 他本身个性就不太友善。

◆ 他就是讨厌你本人，而且准备跟你打上一架，即使你们刚刚见面，你还没来得及跟他们说上一句话。

现在，看看这些理由，哪种是现实中最可能发生的呢？哪种又是你第一时间想到的呢？

有人对你摆臭脸或不屑一顾，通常不是因为你，而是由于他们自己心里有烦恼。回想你上一次对陌生人态度不好或发脾气时，是不是发生了什么憾事，心里有千万个结解不开。别人态度不好，或许也是如此，恐怕刚遭遇了悲惨经历，才会隐藏不住自己的情绪。所以，不要为别人的坏脾气而感到不开心，他并不是针对你。

122 你没办法让所有的人都喜欢你

没有什么原因，有些人就是不喜欢你。想想看，遇过的每个人，听过的每首歌，吃过的每种食物，你都喜欢吗？不可能吧！世界上，每个人都有着迥然不同的模样和个性，包括男与女、年轻与老迈、各种肤色和身份地位。不管你做什么，有人就是会毫无理由地不喜欢你，别以为你有办法改变他们对你的看法，不可能！别在意，你不需要每个人都喜欢你。

如同我的朋友凯特所说，某人不喜欢你，你也不需要去刻意讨好他，转头就走，互不相欠。

下次如果又为此心烦，想想阿尔伯特·爱因斯坦，就算是这么伟大的科学家，也照样有人讨厌他、批评他呀。

别成为疯狂的人

这里说的疯狂，当然不是指某种精神疾病，而是那种对世界的认知非常怪异，甚至扭曲到无法和其他人正常相处的情况。如果你还是没法儿理解，就回想下你在餐厅里遇见过的对服务员大吼大叫的那些人吧。他们就是疯狂的人。

近朱者赤，近墨者黑，人容易受到周遭环境的影响，所以常和疯狂的人相处，无法让你成为更好的人。你无法与疯狂的人讲道理，他们听不进去，也不想了解。陷入歇斯底里状态的人，总是毫无自觉，如同喝醉酒的人，总是信誓旦旦地说着自己没有醉。

下次遇到疯狂的人，别硬跟他们讲道理，因为他们不认为自己有问题。对于没有自觉的人，讲理丝毫没帮助。别与歇斯底里的人正面冲突，默默离开吧。同时提醒自己别和他们一样陷入疯狂、歇斯底里的状态，靠理智和心灵的平静来解决问题，大声指责只会让事情变得更糟。

• 那些疯狂的小预警

下面集合了疯狂的人可能会有的各种表现。当然，普通人也有可能会说这些话或做这些事。你只需要在发现这些征兆时，在心里默默响起预警就好，提醒自己不要和他们一样做出疯狂的事。

◆ "那些家伙老是针对我！故意和我过不去！"如果有人这么说，这很有可能是真的。但还有另一种可能，就是因为他做事太浑蛋了，其他人才和他过不去。

◆ 用任何一种方式诋毁一群人。

◆ 对任何话题都抱有阴谋论的设想，哪怕大家只是在轻松闲聊。

◆ 过度强烈与长时间的眼神接触。

◆ 不是遛狗，而是遛一些奇特的动物。

- 自我介绍时不讲本名，而是讲了一个异想天开、随意乱取的名字。

- 跟不熟的人大肆谈论自己个人私事细节，譬如说他们已经不再和妈妈说话。

- 即使刚刚已经讲过了，还是不断重复一样的话题。

- 总是随意打断别人的话，然后妄下定论。

- 跟人讨论很私人的健康问题。我就遇过有人到处跟别人说她昨晚一夜没睡，因为丈夫正在排肾结石。

- 以一种闲扯芝麻小事般毫不在意或轻蔑的语调，谈论他人生中极为悲惨的遭遇。但那其实并不好笑。

124
从心底接受这个事实：即使你很努力，你很善良，不代表你一定会成功

为什么大家爱看电影？因为电影总是演出现实中无法达到的美好愿景，好人会有好报，努力就会成功。

但现实世界通常没有这么美好。那些有权有势的人，那些自私自利的人，那些不择手段的人，似乎都活得很好。或许因为他们只关心自己的目的，不在乎其他的事。但那不代表着你也要放弃自己的选择。

有时候我们就像站在恶龙面前的孤弱勇者，选择了爱与正义，不顾一切地战斗。这样虽然很勇敢，但我们也要做好战斗失败的心理准备。毕竟，这是一个真实而复杂的世界。

125
清楚何时该放下没完没了的争辩

我和妹妹小时候常起争执，妈妈会用"扔下香蕉"的方法来解决，

我不太确定这是不是某个儿童心理学家提出的策略，但每当我们陷在无止境的争执对话旋涡中，谁先说出"扔下香蕉"并停止争吵，就能得到奖赏。

所以，如果你也跟某人陷入没完没了的争辩，也许可以用一样的方式，停止一切，放下并向前走吧！

126 / 不要让自己任人辱骂

不跟别人争论是种美德，但也不能每次都是因为自己的退让才结束争辩，别人会认为你软弱而时常欺负你。所以，你得清楚地知道自己的底线在哪儿，别人挑战你的底线时，你也要适时反击。

这也是说比做容易，假如你的好友跟你争论呢？我想，遇到这种情况就尽快找借口脱身吧。

● 当你遇到陌生人

生活中经常会发生这样的事。一个从没见过的路人，或是擦身而过的陌生人，轻易就能毁掉你一天的好心情。有时候是没公德心的观众边看电影边大声讲话，有时候是你前方的车不打转向灯，有时候也可能是扑面而来的满嘴烟味，这些讨人厌的坏习惯都很令人恼怒。

你没办法改变所有人，但如果你遇到了没有公德心的行为，你可以当个正义使者，制止在电影院大声喧哗的观众，喝止插队的人。

当然，前提是你要先做好榜样，别成为那个让人讨厌的对象。

127

在公共交通工具上，让座给需要的人

没有人逼你让座，但这应该是你的基本礼貌。

128

以充满耐心又友善的态度跟别人讲话

就算你当下并不耐烦，还是尽量用耐心又友善的态度对陌生人说话。想想看，你的一个小举动，就能提高整个地球的幸福水准，所以你的友善必定会获得某种回报的。

129

记住，用蜂蜜捉的苍蝇比用醋捉的多

再给你一个保持耐心和友善的理由：当你对别人好的时候，别人也会对你好，然后他们可以帮你完成你想做的事。虽然这样说好像动机不纯，但成为一个好人，并不意味着你就不能拥有私心。

130

有人插队时，你有权制止他们

在公共场合会有很多不道德的行为，插队只是其中一种最适合拿来举例的行为。当你遇到插队的情况时，你希望达到的结果，就是对方能知道自己的错误，主动退出队伍，重新排队。那么下面就是你可以参照的做法：

首先，你要表现出友善和理解的态度，让对方知道你并不是来吵架或是驱赶他们的，你只是一个热心提供帮助的人，他们会更容易接受你的建议。

"事实上——"你可以这么开头，"队伍的尾巴是排在那边哟。"你可以一边说，一边向对方展现出笑容。一个温柔却坚定的笑容非常重要，它表达的意思不仅仅是"很高兴帮你搞懂了排队的规则"，还保留了这样的潜台词："我可是认真的，赶紧去队尾吧！"

这套做法也适用于骚扰妇女的醉汉、公共场所大声嬉闹的青少年，或是在大众运输工具上大声播放音乐的人，你都有权利制止他们的行为。

131 别在公共场合产生骚动

除非你是受聘要来表演或做活动的，要不然还是低调点好。例如，电影演出时保持安静，别有意无意地插队。即使是想让服务态度很差的客服人员注意到你，也别用大声讲话的方式引起他们的注意。尽量低调，不出风头，才能避免招人耳目。打个比方，在同一空间里，大家都往同一个方向移动，你就跟着大家往那边走，是最安全的选择。在悄然无声的空间里，保持安静，别大声喧哗，即便非要讲话不可，也尽量轻声细语，或去别的地方。

132 祝福你的敌人

随时间的流逝，学会原谅你的敌人，你才能真正原谅自己，大家应该都听过类似的老生常谈，生气不仅使得自己心理上很难受、痛苦，还会对身体有非常多的负面影响。憎恨只会不断滋养你内心的负面情绪，吞食你的正面能量，对你的敌人毫无影响。

下一次，你又被某人搞得心情很糟时，静下心，祝福他们。祝福他们成为积极正面的人，不要再影响别人，你也能从中获得宁静。

● 避免日常生活混乱的七种方法

◆ 第一，讲电话时听到的重要信息别写在零散的纸张上，很有可能在你挂上电话的那一刻，就搞丢了。若是电话号码，直接输入手机储存，日期就记录在日历或记事本上。

◆ 第二，手机随时保持充满电的状态，不管是在车上、工作场所或家里，都要记得充电，或是带移动电源。

◆ 第三，除臭剂也跟充电插头一样，家里、工作场所或车上都必备，不止这几个地方，常去的健身房或伴侣的住家也可放置。

◆ 第四，自创一首"不能弄丢的东西"歌曲，把重要物品名称串成歌词，随时在心中默默哼唱，就不会忘东忘西了，譬如说我的歌词就是"手机——钥匙——钱包"。

◆ 第五，学会使用网络银行账户，每个星期至少检查一次账户，才不会哪天一看账户，却不知道钱都跑哪儿去了。

◆ 第六，每件事都准时或提早。

◆ 第七，及时回复别人的电话与电子邮件。

一点小讨论

（1）在公众场合，讨论哪个话题比较无礼，排泄物还是疱疹？

（2）疯狂的人会做哪些事？举些例子，并把这些行为写成一出独幕剧。

（3）你有听过哪些不得体的对话？

职场不是
消耗你的地方

除非你特别有钱，富有到可以买下一家私人动物园，不然工作是每个人必经的历程。

如同饶舌歌手杰伊·詹金斯所说，假如你向往拥有一家厉害的私人动物园，必须先工作存钱。

为了能够"成为大人"，工作很重要。事实上，工作对任何一个人都非常重要。因为我们生活在相互关联的社会之中，我们需要成为世界的一环，为其他人做出贡献。哪怕你为这个世界做的贡献只是送比萨，你送出的那一份热气腾腾的比萨对世界上的另一个人来说也很重要。

我知道，要找到一份适合自己的工作，非常不容易。找工作的过程，通常会遇到重重困难，遭受种种打击。我能明白这种痛苦。每个人都能明白。因为每个人找工作都是一个从无到有的过程，谁都不是一开始就充满经验的。如果你此时还没找到工作，别灰心，到最后，你一定能找到适合你的工作，当你再回头看现在的这段经历时，所有的痛苦都会变得微不足道，如老照片般渐渐褪色，变成一段淡去的回忆。当然，在这一章里，我们要做的，就是让你拥有更多机会，让你更顺利地找到合适的工作。

133

低头做你的菜就好

无论身处何处、所做何事，这都是很实用的建议。

我的前男友是个厨师，后来开了自己的餐厅。当他谈到他最喜爱的员工类型时，我发现，那些被加薪的、被升职的、被委以重任的员工，都有着一个同样的特质——"他们总是能低头专心做他们的菜"。

如果你总是准时到班不慌乱，穿着整洁干净的衣服，认真工作不出错，有能力处理好分内工作，遵守工作场所及公司文化的规定和习俗，那老板考虑升职或加薪，当然第一个想到你。

134

放下骄傲，别眼高手低

根据第一章第一步所说的"雪花"理论，你并没有那么独特，所以也请接受你的第一份工作不可能钱多、事少、离家近，或是光鲜亮丽、人人称羡。第一份工作不一定会非常差，但通常与你心目中的理想标准有所差距。

我有个朋友非常敬业。他对职业的热情，更接近实用主义的想法：不管他干哪一行，他都一定会百分百地投入其中。他边打工边读大学，还努力申请到了顶尖法学院的奖学金。但后来他发现自己对法律专业并没有那么喜欢，于是退了学。那段时间，尽管对自己的前途还很迷茫，但他清醒地认识到，如果不去做点什么，他就没法儿支付自己的房租。于是他找了自己人生的第一份全职工作——真的就是送比萨的工作。

很多人都觉得送比萨是个没出息的工作，但如果你投入其中，事情就变得不一样了。我这位朋友就是那种会认真钻研工作的人。很快，他就从送比萨的工作中摸索到了很多商业运作规律，于是，他不断琢磨，职位也越升越高，到现在，他的薪水也已经超越律师行业的收入了。

送比萨只是一个例子，不要害怕做别人认为卑微的工作，眼高手低的人通常对成就的期望太高，忽略了基本能力的累积，以及万丈高楼平地起的道理。

如杰伊·詹金斯的某句歌词所说："努力工作，养活自己。"

我的朋友乔丝说过，没工作的人，没资格夸耀自己多有能力。假如你还没有工作，赶快找吧！拖得越久，信心越容易被消磨殆尽。

135
你不需要变成一只鲨鱼

建立人脉听起来很难。你可以想象，每个人的内心都有一只蠢蠢欲动的鲨鱼，饥渴难耐，彼此环伺，口袋里的名片熊熊燃烧，争先恐后地想飞到对方的手里。

没错，有时候人脉就是那样建立的。

但大部分时候，事情并非如此。你并不需要做一只凶猛的鲨鱼，你也不需要当一个油嘴滑舌的推销者。建立人脉，意味着你要建立的是一个稳定的交际圈，你交往的人是你认识且真正在乎的人。这非常非常重要。

很多好的工作机会，都是从一个人的工作交际圈和私人交际圈中获得的。

但建立人脉并不容易，不是说你遇到一个人，递上你的名片，就可以突兀地请他提供你一个工作机会。

经营人脉的专家贾里德说："人脉不像银行存款，一次性存进去了就不用再管，要用的时候才去提取。维系人脉是持续进行的一件事，拓展新的人际网络的同时，也必须用心维持原有的关系。"他的意思是，搭建优质的人脉网络，就像搭建一所房子，一砖一瓦都需要用心付出。你投入的是你的真诚和热情，分享的是你的资源和机会。你并不是像一只鲨鱼那样张着血盆大口索取你要的工作，而是向其他人提供你所拥有的能力，彼此分享资源和机会。

• 如何开始拓展你的人脉

多数商业组织都会举办一些沙龙活动，让年轻创业者或专业人才有机会相互交流、拓展人脉。不要害怕参加研讨会、职业介绍会，在这些场合你都有可能会遇见你的伯乐。也不要不好意思询问你的教授、家族亲友、同学和同事，如果他们有任何拓展人脉的机会或活动，他们也会不吝于分享。

前一章节提过的许多社交礼仪，在拓展人脉时同样要注意。记得不要讨论严肃的政治议题，不要大肆讨论你的健康如何亮红灯，更不要八卦别人的私生活。大家参与这类活动，是抱着想多认识人的心态，不是要跟好朋友聊天那样谈天说地。一个简单的自我介绍就足够了："您好，我是凯莉。"互相报上名字之后，简单地说一句很高兴认识大家，如果对方问起你的背景，你就可以说："我几个月前刚从芝加哥洛约拉大学毕业，希望能从事公关相关工作。"

136
对话结束前，记得与对方交换名片

"真的非常高兴认识你。不好意思，请问你有名片吗？谢谢！这是我的名片。"

这样的对话或许会让很多内向的人头皮发麻、浑身不对劲，但其实多练习很快就熟能生巧、应付自如。假如你表现出自信又有魅力的一面，对方必定也很乐意跟你交换名片。

137
换完名片，更重要的是后续联系

名片上通常都有对方的电子邮件，寄一封简洁明了的邮件，表明认识他们是你的荣幸，希望能继续保持联系，增进友好关系。

138
约你想学习的对象喝咖啡

当你遇到行业里非常杰出的人物时，你可以邀请他一起去喝杯咖啡，把握机会多问问题，了解他的经历或想法，对自己非常有帮助。如果对方拒绝你，先了解他们是否只拒绝了你，假如他们平时很乐于给后辈建议，也乐意接受提问的话，你就要自我检讨是不是有什么地方做错了，以致对方不想给你任何机会。成功的人通常都很乐于分享自己的经历，没有什么理由拒绝你。

所以，询问之前，自己要先做功课，尽可能了解他们，不管是工作方面还是私人的喜好，越多细节越好。别以为提出问题就结束了，更要紧的是仔细聆听对方的回答。对方的咖啡当然是由你出钱，这是基本礼貌，也别忘了谈话结束之后尽快寄一张感谢卡（请见第115步）。

这个步骤不只适用于社会新人，不论是主管或老板还是有想要学习的对象都适合。邀请他们喝杯咖啡，听取对方的人生故事，必定收获满满。

139 / 增加面试成功的机会

一句实用的美国俗语，可当成拓展人脉的人生金句："我要进城待几天，每天都想停下脚步打招呼，向人们介绍我自己。"

把这句话套用到实际生活中，如果你到了一个陌生的地方，你并不讨厌那里，觉得自己能够在那里生活，那就开始寻找是否有你理想的相关行业，去打个招呼。或是先寄一封电子邮件，最好不要直接寄给老板，而是寄给相关部门的主管。

见面时，说你明白他们目前可能没有职缺，你只是想先来打个招呼，顺利的话，他们会对你留下好印象。你也要寄一封感谢函，感谢他们花时间与你见面。如此一来，他们公司有职缺时，你的简历就比较不容易石沉大海，因为他们对你留有好印象。

140 / 别让社交网站成为你的致命缺点

有些面试官会先在网上搜索面试者，他们一搜索，就会看到你的脸书（Facebook）或领英（LinkedIn）等社交网站，我猜你的主页上一定有些年少轻狂、不堪回首的记录，那会成为你面试的致命弱点，记得尽早隐藏或是删除。

我早就把脸书的照片和动态做好了隐私设置，不对外公开，所以大家也看不到我的政治观点，更不可能看到我穿比基尼的照片。至于不想让你妈妈、老板和前男友知道的事，就别在脸书发文或上传相关照片。

141 / 不要妄想用一份简历走天下

我也曾经因为不注意，就投了同一份简历给不同公司，想必马上遭到"秒杀"，我的简历石沉大海。说到底，你有多想要这份工作？如果你真的很想得到这个职位，那至少花30分钟依照不同公司的特性，修改每份简历吧。

达娜是人力资源机构的招聘人员，她对求职简历的审查非常细心，但并不是所有公司都有像达娜这样的面试官。现在很多较先进的公司运用计算机云端运算，以大数据配对，降低翻阅简历的时间，所以达娜建议大家要特别注意简历的遣词。而若真的用人力来审查简历表，成千上万份简历如雪花般飞来，HR看简历的平均时间只有几秒钟，大致浏览一下，就决定你有无面试机会。

达娜说："HR平均大约花7秒钟浏览一份简历表。"她也补充到，很多公司已经开始使用计算机程序来扫描简历表，达到标准的才会进入面试关卡。

达娜说："简历表至少必须有十种不同版本。包含一项特别突出的关键，吸引HR的目光。譬如说，描述你的工作经历时，可以把'管理'团队写成'领导'团队，换一个词，意义就差很多。小至用字遣词，大至内容经历，都要依照每家公司文化背景的不同，有所差异。"

142
再三检查你的简历

逐字大声念出来，检查是否通顺流畅。感觉有句话不太通顺，但就是想不出来该怎么修改时，找个让你感到自在的人，以最简明易懂的方式念给他听，请他一起帮你顺句，或是找出逻辑不通的部分。

寄出之前，还要请至少两个愿意帮你校对简历表的人，尽可能避免任何错字或标点符号错误。

143

求职信寄出几天后，记得发一封确认邮件（除非对方不允许）

亲爱的威廉斯女士：

不好意思打扰了，只是想确认一下您是否有收到我的求职信及简历，我欲申请的职位是一般记者，我对于该职位有极大的热忱与兴趣。我了解必定有非常多求职者在竞争该职位，但希望我有机会为贵公司贡献一己之力。

凯莉　敬上

144

就算面试地点在月球，也要想尽办法到达

达娜说："我常常遇到很多求职者，我跟他们说：'嘿，你取得了一个面试机会，是在某天的某个时候。'如果面试时间刚好和他们原本的安排相冲突，他们却不愿把其他事情排开，完全不配合面试官的时间，就白白浪费了一次难得的面试机会。"

但是，假如你无法迁就面试时间的原因是要去做心脏手术这种重大事件，那就诚实告知面试官或 HR，希望能跟他们改时间。"真的很抱歉，周三下午刚好是我的婚礼，我很希望能去面试，但我未婚妻在婚礼上找不到我，肯定会很慌张，所以，请问面试时间有办法改成下周三吗？"

145

绝对不要带亲戚朋友、家人、男女朋友或宠物一起去面试

我真的没想到这也会是一个问题，但达娜说她时常会遇到这种求职者，让我大为吃惊。若你需要有人载你去面试地点，尽量请他们在外面等，别让面试官看到。大部分的企业还是会认为，带亲戚朋友、家人、男女朋友来面试的求职者，不够独立且没有自己的想法。

146

当你出场的时候，让自己看起来聪明点

若你获得了工作面试机会，恭喜你！只要你做好万全的面试准备，这个职位就非你莫属了。表现出你多年累积的实力，让公司觉得不录用你是他们的损失，真是与你相见恨晚。

为了让他们留下这种极佳的印象，务必这么做。面试官问说："如果公司出现亏损，你想得到办法填补亏损吗？"这时候你即使有丝毫不确定，也不能表现出来，面对所有面试官的问题都要显示出你绝对可以的自信！

要如何表现出你绝对做得到的自信，第一步就是外表，也是面试官看到你的第一印象。除非你应征的工作特别需要你表现随性和创意的一面，要不然就穿上体面的西装或套装，展现出专业度。

147

面试要讲的是自己可以带给公司什么"价值"，而不是你想来公司"学到"什么

你可能会觉得，说要去公司学习，他们会认为你很有上进心而录取你，其实不然，企业想要的人才是直接能提升公司价值，要让他们知道，你就是最适合这个职位的人，能为公司获取更大的利益。你能不能在这个职位学到东西或自我实现，说实话，公司不太在意。

假如你是社会新人，特别容易讲出我是来学习的，你该强调的是你很勤快，有什么能力，这才是对方想听到的。从小到大都是在学校学习的社会新人，刚进入社会的时候可能还不太习惯自己的责任已经不再是学习，去学校学习是要付学费的，你要去公司学习，那公司是不是也应该要跟你收钱？讲个最简单的道理，出钱的人一定是需要人力来完成目标，拿钱的人就要尽力帮忙达成。

别讲任何人的坏话，尤其是现任或前任主管、老板的

爱讲别人坏话显得你很八卦，或是在一个团队中无法与他人和睦相处。面试官也会怀疑这个人的品行与能力：如果你很有能力，为什么先前任职公司的主管会不喜欢你？你以后去别家公司会不会也到处讲我的坏话？

无论你前一份工作的经历多惨痛，离开后有如劫后余生般舒坦，还是不宜于面试时大肆谈论。假如是讲前一份工作的主管或公司的好话，就没关系。若你真的对前一份工作没有好感，无法说出好话，那就说："前一份工作不太适合我。总之……（多讲一些你的专业能力）。"别忘了，面试就是要尽可能传递独立思考并解决问题的能力。

面试时别错过提问的机会

这里有可能是你未来每个星期至少要待40小时的地方，每天都有无数个待你完成的任务，和公司同事相处的时间有可能会比家人多，所以你的内心必定充满了各种疑问。而面试官也会从你的问题里判断你的人格特质，包含你最关心的事情、你在乎的工作价值还有你想发挥的角色，才能真正确定这个工作是否适合你。

举几个不错的提问为例：

◆ 请问这个职位每天的日常工作是哪些？

◆ 请问这份工作可能会遇到的最大挑战是什么？

◆ 请问您觉得怎样的人最适合这个职位？（依照面试官所说的回答，举一些你自己相关的例子，证明你就是最适合此职位的应征者。）

◆ 请问是什么让这家公司拥有如此独特的公司文化？请问是什么原因让你们跟这个行业的其他公司截然不同？

◆ 关于这个职位，请问有什么是我们还没谈到但你觉得我需要了解的事？

问了这些问题，面试官绝对会对你刮目相看，认为你值得他们录取、栽培。

150 / 是时候谈谈薪水了

工作待遇真的很难启齿，我们社会的传统总是教我们不要谈到钱，谈到钱好像就庸俗了。

工作本来就是为了赚取报酬，不可能每个星期在公司努力工作40小时（或50、60、70小时甚至更多的加班时间）却没有合理的薪水，但现在谈薪水变成面试中最难开口的一件事。但谈薪水的前提是你有没有策略、实力以及值得多高的工作待遇。

第一份工作的薪水通常没有谈判空间，但后来的工作是有的。若求职信息字段是写"依照工作经验调整薪资条件"，这时候就有谈判空间。有些公司可能会直接讲明这个职位毫无谈薪资的余地，若你真的非常希望得到这份工作，就只得接受。

艾伦是公司的营销经理，各方面都非常优秀。他提供了几项谈薪水的要诀：

假如一个社会新人希望和一个有五年工作经验的人有相同的薪资待遇，这完全不合理，即使你再优秀，公司也很难被说服。先上网搜寻你要应征的职位，了解平均薪资大约是多少，假如有人具备四万元薪资的能力，却在简历表中开出五万元的预期薪资，公司也只好舍弃招揽他的想法；但是如果很保守地只写两万元，真的是便宜了公司，打听清楚对自己才有利，因此，了解自己在职场上的合理薪资是相当重要的。

社会新人通常无法一开始就谈到预期的薪资，别气馁，这是个长远的目标。

特别注意你提出预期薪资时，对方的细微反应和回答，是否表现出惊讶、眼神闪烁，或是不为所动。

他们说你的预期待遇太高了，这时候就要问公司愿意给的薪资。艾伦说："假如你是去一家大公司，通常会有固定的薪资范围。最后的结果不可能超过太多，也不会低于他们原定的薪资范围。"

如果你清楚知道自己的身价，并能展现自己的价值，薪资谈判空间会更大。不一定要做一个精美的统计图表，艾伦说："最好是一则故事，故事对人有种莫大的吸引力，没有人不喜欢听故事。"

排斥应征者谈薪资的公司，也不值得你去效力，或许没办法谈成功，至少你不会带着委屈和遗憾工作。

151
把握实习机会

想进厉害的企业，先去实习是其中一个方法，不要等到公司放出实习职缺的消息才去应征，不妨主动询问、寄简历。

152
即使要做别人避之不及或枯燥无趣的工作，依然要抱持乐观的心情

这是事实，除非你父亲自己开公司，要不然每个社会新人通常都会遇到这种情况，重复着烦琐无趣的工作，难免让人心情低落。但你要想，这是一种磨炼，也是累积实力的机会，很多成功人士也是从这种基本琐碎的事做起的。不是要你面对一堆杂事还强颜欢笑，而是要打从心里对你想做的事保持热情。你不可能一步登天，厉害的厨师起初也不是马上就站上料理台的，他们也是从洗碗或削蔬果皮开始的，即使是再无

聊的工作，也有其价值。

153
注意办公室礼仪

职场老手习以为常的职场规则，职场新人或实习生可能还不清楚，或是不习惯遵守办公室礼仪常识。

但是，你绝对要尽力融入职场环境，熟悉一些约定俗成的礼仪。越快上轨道越好，公司不可能给你太多时间适应。

每家公司都有自己的习惯与礼仪，新人刚开始势必常常碰到地雷。前几个星期尽量安静地默默工作，低调观察别人的所作所为，以尊重的态度"入乡随俗"，多看、多听、多问就对了。同事会在办公的座位上吃饭吗？办公桌要保持得一尘不染、整齐干净，还是堆满杂物也没关系？午餐时间是一小时吗？还是20分钟？如果你有事情要离开办公室处理，要告知其他同事吗？这些问题都要尽早询问，或是从观察中自己找到解答。

别标新立异、特立独行，职场礼仪其实就是懂得尊重他人，应对进退得宜。

154
最重要的问题：知道谁是真正"管事"的人

除了老板，公司还有许多主管，权力职责不同，分别掌管不同的部门和事务。可能会有一个主管负责处理公司大大小小的事，他的职称不一定很显眼，但他是老板的耳目，影响力不同凡响。公司的事务都要经他之手，你把业务搞砸了，也要第一时间告知这个人。

提醒！别随便向人打听公司掌权的主管是谁，只能跟信任的同事询问，或是自己观察。

155 / **别以为"便服星期五"就能穿随性的服装**

近年许多公司开始流行"便服星期五",作为对员工辛劳工作一周的鼓励及激发他们在周末前的工作欲。但其实也不能穿着过于随性的服装,看起来不尊重公司、同事或客户。这只是我个人的意见,上班还是该有上班的样子,穿适合你工作性质的服装,而不是像学生那样,想穿什么就穿什么。

大家也会有所比较,有人在"便服星期五"穿着体面好看的衣服,如果你穿着皱巴巴的脏衣服,别人会怎么想?特别是牛仔裤,留到私底下穿就好。

156 / **别成为肆无忌惮的实习生**

通常学生才会去当实习生,年轻人就是有种能力,即使前一天参加派对狂欢喝醉,隔天宿醉的情况也不会太严重,不会影响你该做的事。实习生到公司实习的目的在于见习、学习,责任有限,即使犯错了,错误也不至于严重到影响公司的名誉或运作。所以,尽情地学习,享受实习的乐趣。

但其他正式员工可不一样,他们要对公司负非常大的责任,战战兢兢、小心行事,以免犯下不可挽回的错误,还有可能被开除。

所以,别仗着自己是实习生就太过放肆,不要在晚上狂欢之后,隔天醉醺醺地去实习,胡言乱语地向整个办公室的人说自己没有呕吐。绝对别这样,否则会给公司留下坏的印象。

工作场合你可以喝多少酒？

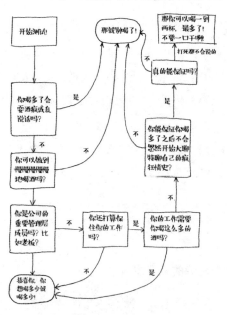

157

别在网络上公开发表你对你的工作的看法

　　这么做很可能会害你遭开除，无论你是匿名，或认为你的博客有多隐秘，现在网络这么发达，很容易就被搜寻出来了，一旦在网络上留下痕迹，就很难完全抹灭。

　　人都有神秘的第六感，很容易发现你在讲他的坏话，所以，最好不要在脸书上骂老板，也别在办公室计算机上留下任何批评同事、主管的言论。别以为你开心地发泄完了，大家会毫无知觉，这么做的下场通常很凄惨。

　　尤其是不要在背后说别人的坏话。如果大家都知道你不会说别人的坏话，他们就不怕与你谈心，会跟你成为好友，因为他们知道你不会出卖他们。

离开实习公司，还是要继续保持良好互动和联系

恭喜你的实习终于告一段落，完美结束！

与实习的公司继续保持良好互动和联系，是你拓展人际网络的第一步。实习的时候，应该会遇到几个特别愿意教你、帮助你的人，不管是主管还是同事，他们都是你的贵人，即使自己再忙，他们还是愿意帮助你这个什么都不懂的职场菜鸟。

实习结束后，寄一封感谢卡，表达你的感激之情，详细写出你为何感谢，也询问之后是否能与之保持联络。没必要时时刻刻联系，这样对方也会觉得烦，只要在重要时刻或是节日发一封电子邮件给予祝福或分享喜悦即可。若你之后找工作遭遇瓶颈，找了几个月还找不到理想工作，可试图让他们知晓，他们如果有知道什么不错的职缺，就会第一个想到你。

怎么开口谈加薪比较合适

趁年度绩效考核时寻求加薪当然是最佳的时机之一，很多公司此时会针对员工的薪资与福利做阶段性的考虑。前提当然是你都已把事情处理完善，帮公司赚进更多的利润，这时候才有资格谈加薪，但大型企业通常已有一套加薪评估标准和规则。提议加三成是还能接受的范围。虽然问一下可能没什么损失，但也要有所准备，谈判万一破裂，做好接受现况或是走人的心理准备。

寄一封电子邮件与主管约时间会谈，最好找他们心情特别愉悦的一天，先谈你为这个职位贡献的价值，再慢慢把话题转到薪资调整。例如："感谢您给我这次谈话的机会，很荣幸能在这里工作，近期也达到甚至超越公司的目标绩效，希望薪资能够有所调整。"

整理一个专门放工作服装的衣柜

当然，你可能面临下面的情况：

1.你还是大学生，几乎没有任何工作场合穿的服装。

2.你手头上的钱不够买一个新衣柜。

刚开始工作的上班族时常会面临这种问题，要怎么解决呢？

首先，观察你要去的行业，大家都习惯穿什么样的上班服装。买几件价钱高、质感好的单品，再搭配其他平价服饰，质感马上提升许多。

比如说，准备一些黑色西装裤、黑色裙子、灰色西装裤和灰色裙子，找一件正式的西装外套搭配那四样单品，再买几件平价得体的上班服装。

很多服装品牌都卖超低价折扣的上班服，绝对是上班族买衣服的首选。若你真的赚得太少，也别灰心，去旧货店或慈善二手拍卖挖宝，还是能找到许多便宜好货的，很多甚至连吊牌都还没拆呢！

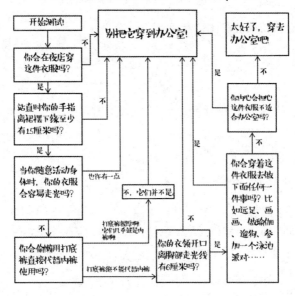

这件衣服适合在办公场合穿吗？

161

买些质感较好、价格较高的黑色高跟鞋

你不需要非常昂贵的高跟鞋，但还是要在自己能负担的范围内购买品质更高的高跟鞋。很多人觉得昂贵的高跟鞋和便宜的高跟鞋没太大区别，但如果你真正穿在脚上，它们的区别还是很大的。价格昂贵的高跟鞋看起来品质更好，穿上去也更舒适。关键是，它们能让你看起来很精致。

如果你现在还没有足够的钱置办一双适合的高跟鞋，那就开始每个星期为你的鞋子存钱吧。一年后，你就有足够的钱买你想要的高跟鞋了，买双耐穿的经典款，你就能穿一辈子，非常值得。

162

别发展办公室恋情，无论你多么着迷

没错，每个人都有可能发生办公室恋情。虽然大家都知道办公室恋情有很大的风险，但朝夕相处的异性之间，太容易产生隐秘的情愫了，有时候，人们就是抵制不住这样的诱惑。但轰轰烈烈的办公室恋情结束后，你感到的往往是后悔，曾经朝夕相处的浪漫，变成了每天被迫见面的尴尬，你会希望这一切只是一场梦，从没发生过。

你应该没听过有人这么说："真高兴几年前跟我同事谈了几个星期的办公室恋情，开会时坐在对面，却能想到他在床上是什么样子。"

通常办公室恋情的回忆都不怎么美好，还是别尝试为妙。

163

别八卦同事的私生活

你的性生活不应该成为办公室同事茶余饭后的话题，你也别闲聊八卦同事的私生活，大家互相尊重，这种话题只适合留待下班后再跟闺密好友聊。

164
你是去公司工作，不是去交朋友

的确，跟同事保持友好的关系是必要的，但办公室不是社交场所，老板付薪水是要请你来工作，可不是交朋友。

165
在公司里找一位导师

所谓的导师，是对公司已有深入了解且不吝于指导你的同事。如果这位同事跟你是不同部门的，那也没关系，这样你们之间没有利益纠葛或竞争压力，他能给你更中肯的建议。参加公司会议很容易找到潜在的导师，如果和对方相谈甚欢，从对方那里学到许多，记得随后发一封表示感谢并保持联系的电子邮件。（发邮件！发邮件！发邮件！重要的事情说三遍！）

当然，你不能一上来就请求别人当你的导师。每个人都喜欢被称赞和崇拜。你可以日常主动向对方打招呼，有机会就找对方聊聊工作上的事情，聊过几次之后，再试着提出："你给我的建议真的非常受用！虽然有些不好意思，但还是想问一下，您是否愿意当我的导师？"

收到这样的请求，对方应该也觉得有些不好意思，但无论如何，你的真诚能打动对方，他答应你的可能性也很大。

如果你认为这样的询问太正式了，那可以邀对方去喝咖啡，聊到兴致正浓时，轻松地说："我有个想法，能不能请您当我的导师？"或一些你觉得能打动对方的话。

166
练习摆出适当的"开会表情"

许多上班族讨厌开会，但公司开会又是不可避免的，再苦也要撑下去。

如果是面对面开会，脸部表情会传达很多重要信息，一点点细微的变化就很明显。试着面对镜子练习，很多人没有表情的时候，都会被认为是摆臭脸，这样的人特别需要训练。如果你同意与会的同事所说的内容，不妨微微点个头，表达你的认同。有时候碰到大型的多人会议，如果你坐在非常后排的位子上，建议你就做些自己的事来打发时间吧！

167
保持办公桌的整洁

简单起见，我直接帮你指定一个明确的时间——每周三下午3:17，花13分钟整理桌面，把所有不要的物品做资源回收，然后把桌子清理干净。记得平时就要放一包消毒湿纸巾在抽屉，每到一个星期一次的办公桌大扫除就能拿出来用。

这是你办公桌上推荐的物品清单：

◆ 除臭剂、简约的针线盒、粘毛器、万用止痛消炎药膏、小点心、女性卫生用品、消毒湿纸巾、干洗洗手液、钟表、牙刷和牙膏、面纸（特别是容易过敏或感冒的季节）、薄荷凉糖或口香糖、卷标制造机（将胶带座、剪刀和订书机都贴上你的名字标签，不小心弄丢了也比较容易找回）。

168
记住，职场礼仪与社交礼仪是不同的

在日常社交中，我是一个很会顾及别人感受的人，如果观察到谁感觉不自在，我就会巧妙地帮助他缓解尴尬的情绪。但在职场上，作为一名记者，当受访者想要逃避某个必要的话题时，我要做的是努力将话题推进。职场的交往方式和日常的社交是截然不同的，你的工作就是推进项目，直到它顺利完成。在这个过程中，你可以显得尖锐、犀利，必要的时候甚至可以冷酷无情。记住，你是来工作的，而不是来交朋友的。

169 别自我贬低

在中学参加过辩论社或演讲社的人应该知道，要提出你的论点时，绝对不要不断用"我认为"或"我觉得"来开头。当你这么做的时候，往往会让人感觉到你对这件事情并不是非常了解，暗示着你只是表达观点，并没有信心说服别人，生怕自己理解错了。

很多人都会犯这个错误，尤其是在刚开始工作的前三年。

当他们以"我认为"和"我觉得"开头时，内心时常会有这样的担心：

◆ "嗯，我不是专家，我不太确定，但……"

◆ "我不太了解，但……"

◆ "我觉得可能是……"

不要再出现这些开头了！勇敢地陈述你的意见，无须表现出任何胆怯，甚至是怀疑自己。大家可能会提出任何问题？希望所有人都能同意你的意见？那如果他们不同意呢？……把这些问题抛诸脑后，别害怕，说出来就是了！假如你的确对自己的想法充满了不确定，那就别浪费大家的时间了。

170 别忘了，你老板有权看你的所有上网记录

不只是网络上的聊天，还包括你的个人主页和电子邮件，只要你在公司的电脑上登陆这些账号，你就没有所谓的隐私权。每一次要在网上说任何话，都想象你是大声地讲给整个办公室的人听。

另外需要注意的是，不要点击邮件或者网页里任何看起来像色情内容的链接，你的电脑有可能会中毒，这更是犯了大忌，你很可能会让公司的网络处于危险之中。假如真的是无意之中不小心点进去了，赶紧跟公司主管自首吧，保证这只是个意外，不会再发生了。

171/
一年只能有一次装病请假

对了，宿醉可不算生病。你只有一次机会，请明智地选择。

172/
如果你开始咳嗽、流鼻涕或感染了任何传染性疾病，就待在家吧

别到公司传染给同事，被传染的人一定怀恨在心，这在工作场所是很不礼貌的行为，感冒了就应自己回避，待在家，等身体康复了再去上班。

173/
别只当个花瓶，而是可靠的伙伴

如果你不是一位好员工和好伙伴，例如你没有尽忠职守地把该做的事尽力完成，你搞砸了团队工作，你没有在别人因你犯错而受责备时解释清楚，你未能及时回复有时效性的电子邮件及电话……甜美的个性和美丽的外表只能暂时掩盖你没有能力的事实，大家很快就会发现。

174/
工作后不太可能有真正的假期

现在很多工作都是责任制，没办法真正放松放假，放假前要先赶进度，放假时依然时时刻刻担心工作的进展，放假后更是有一堆事情在等着你。

175
争取自己应得的权利

别忘了，你有劳动法规定的年假，即使根本没钱出国或到处玩，你也可以花一整天懒洋洋地躺着发呆、休息或看电视。

176
别把公司财产随手据为己有

笔还说得过去，但也别一直从公司带笔回家。剪刀绝对不行！

177
不需要忍受职场骚扰

每位员工都有资格捍卫自己在工作场合的权益，有权感到舒服、自在而不受威胁。大家都是因为工作而聚在一起，没有谁可以排挤或欺负别人。若某人让你在工作场所感到不舒服，必须适时反击。

我发现，办公室通常会有一位中年男子喜欢围绕在二十岁出头的年轻女生身边，自以为是地教她们或戏弄人家，想引起他们的注意。别忘了，女生要好好保护自己，适时地板起脸，让对方知道你不是好惹的。

若某人得寸进尺，还想侵犯你的个人空间，《礼仪指南》教了大家一个非常聪明的策略。下次你一转头，发现对方靠你非常近，你可以轻轻地叫一声，不是那种戏剧化的夸张大叫，只要让其他同事注意到就够了，足以制止对方的行径。

然后你可以说："噢，你真的吓到我了，我没想到你会靠这么近。"就这样，别多说什么，也别直接拆穿，就让后续的尴尬气氛折磨他。对方从此会学到，这就是随便在你耳边吹气的下场。

若还是行不通，告知人力资源部门，让他们介入处理。

178
若发现不可告人的阴谋，记录下来

别记在计算机上，很不保险，有可能你还没发现足够的证据，就因为职场暗斗而遭开除了，再也拿不到这些档案。如果有办法取得详细信息，仔细记录时间、地点、细节和目击者，证据越详细，越有可信力。

179
如果要争论，尽可能写电子邮件

邮件往来最大的好处就是当双方看到邮件上严厉的言辞时，还有缓冲时间，静下心来思考要如何回复，而不用在最激动的当下针锋相对。

一般人面对争论的场景，总是非常吃惊或激动，有时候没办法马上对对方的话有反应。若要立即回应，这种压力很有可能让人说错话或说出气话，导致一发不可收拾的结局。

借由电子邮件往来绝对是个好办法，能反复琢磨用字遣词是否得当、委婉，双方都在心平气和的情况下，就能用较冷静的方式解决问题，很容易就达成皆大欢喜的共识，而不是浪费力气在无谓的争吵或强词夺理。

此外，若是当面争执，常会把对方的话打断，不断讲自己的论点，听不进别人的建议，电子邮件能够让大家讲清楚自己的看法，也平心静气地看完对方的主张。

180
发出激烈言论的电子邮件前，先冷静一段时间

我有好几次差点忍不住发出言辞激烈的电子邮件，但后来想想，这样会不会讲得太过了？先睡一觉，沉住气，才不会做出让自己后悔的

事。每次冷静过后，我都会感到释然，而决定修改未发出的电子邮件。

没错，这听起来没有那么解气，但这就是成熟大人所做的事。

181

如果某人讨厌你，试着改变他们对你的看法，或是选择避开

当一个人讨厌你时，你们之间职权地位的高低会影响你的做法。若这个人是你的下属，那你可以采取的方式是自信地跟对方说，你不知道他为什么讨厌你，但这不重要，他要自己想办法排解这种情绪。

你要做的是把被人讨厌的不快转换成一种动力，促使你变得更好，好到毫无破绽，让人无法多说闲话。

若是你的上司讨厌你，请参考第184步。

182

分清楚职场上的阻碍是真的束手无策，还是只是小瓶颈

工作中难免遇到你认为这辈子不可能学会的新事物，或是无法解决的瓶颈，这时候可别钻牛角尖，先把问题放下，做些别的事，几天后可能会发现，其实也没有这么难处理。

183

别人时常把不是你负责的工作丢给你，你不必每次都忍气吞声、无条件接受

每个人都有自己负责的工作，如果别人都把他们的工作推给你，那你要如何完成自己本身的职责？

我的朋友珊德珞的一位同事还是新人的时候，就开始请她帮忙做许多事，后来就形成了一种习惯，所有的事都由珊德珞一肩扛起。最后的

导火线是一次圣诞假期前两天，他把所有案子都丢给珊德珞处理，她才意识到不可以如此。

她告诉对方："我应该早点说，才不会让你以为我应该连你的工作一起做，我没有义务帮你处理这些案子。"

184 / 如果讨厌你、喜欢找你麻烦的人是你的上司，适时拍点马屁

不管你多不情愿，对方毕竟是你的上司，相处不好的下场绝对是你遭殃。

你可能说不出任何好话，或是多年后还会因为你当初拍的马屁而感到恶心，但他们毕竟是你的上司，握有权力。现实如此，无论公平与否，没有真正的对与错，只有一种选择，工作上表现非常杰出，把不满与憎恨放入心底，有一天爬得比他们高，就是最好的证明。

185 / 不需要让自己承受无理的压迫和羞辱

我大学刚毕业时，曾待过一家公司，那是我的梦魇，同事都怀疑新人的能力，办公室有一位女同事特别对新的女性员工怀有敌意，大家总是用嘲笑和讽刺的口气对我说话，我巴不得想走，离开这种令人胆战心惊的工作环境。

还记得我第一次向那位女同事自我介绍时，她冷笑了一下，用最尖酸刻薄的口吻对我说"我早就知道你了"，然后转头就走。

这不只是一开始因不了解而产生的敌意，后来情况变得越来越糟，让人无法忍受。我也自我反省过，她是不是认为我无法胜任这个职位，以为老板是看上我的姿色才录取我的。

在那家公司待了三个月后，我参加了办公室圣诞节派对，几杯酒下

肚，大家都喝得很开心，我认为这是尽释前嫌的最好时机。

所以我对她说："我知道我们之间可能有些误会，你是个非常棒的记者，我很高兴与你共事。"

可怕的事发生了，她缓缓地转过头来，用一种异常愤怒的眼神看着我。

她说："我没有想要跟你共事。所有人都知道老板会录取你，单纯只是因为他意图不轨，我们都希望你意识到这一点，自己主动辞职或被开除。"她说老板对我意图不轨，只是这一切恶言谩骂的序幕而已，更难听的话还在后头，我因为过度惊吓，呆愣了大约五分钟，听她不断地指责，不知如何反应。

现在回想起来，若能够回到当时，我会在她说出第一句羞辱我的话时制止她继续说下去，没必要让她诽谤我，对待有些人就是没办法讲理。

我当时应该要说："你要这样想，我也没办法。"然后帅气地转头就走。非常后悔当时的我默默地承受了那些辱骂，让她盛气凌人，只是因为当时太年轻，毫无反击能力。

186
分辨哪些是职场必经的学习代价，而哪些是职场霸凌

来到新的职场环境，别指望马上就取得大家的信任和尊重。你必须努力做出一番成绩或成果，才能让大家刮目相看，别异想天开，以为你是多么重要的人物，一走进办公室，你就能马上成为最受欢迎和尊重的人，这需要几个月至几年的累积，能力到达一定程度，你才值得大家的敬重。

一开始因为不了解你，同事们难免会对你有轻视的态度，若你已经竭尽全力证明自己的能力，同事还是依然鄙夷你，这时候就要好好思考这样的职场环境是否真的适合你。

187
恶劣的同事和糟糕的工作环境是不同的概念

职场必定会遇到你讨厌的人，也会有嫌恶你的人。职场的钩心斗角在所难免，尤其是当你赢得晋升机会时，虽然容易招来许多轻蔑和嫉妒，但打败那些人也是种乐趣。

188
若发现你的工作环境太糟糕，赶紧换工作

不好的公司文化会使人有压力，甚至会让人考虑放弃这份工作。例如老板把自己的情绪强加在员工身上，无理地辱骂和发泄；或是公司有性别与种族歧视；更可怕的是，让员工感觉每天活在焦虑与恐惧之中。

遇到这些情况，为了自己的未来着想，还是走为上策。不要天真地以为差劲的工作环境会有好转的一天，赶紧化悲惨的情绪为动力，寻找更好的工作、更友善的环境。

189
除非有迫不得已的原因，不然别未满一年就离职

即使你认为这工作不太适合你，也至少要待一年。

若你非要未满一年就离开，必须慎选之后的工作，未来五年不能再留下这种记录。出现太多次类似情况，会让人认为你没有定性、能力不够。

一年之后，你依然确定想离职，尽可能提早准备你的下一步。

190
低调找寻新工作

还没离开旧公司时，公开你在找新工作的事，并不是明智之举。确

定找到新工作之前，绝对别让老板和直属主管知道，但你能与你信任的同事朋友讨论，他们或许能提供你一些求职信息或建议。

191 / 透漏消息给你的人脉，让他们知道你在求职

还记得前面提到如何建立庞大的人际网络，这时候就派上用场了。但也要看你平常有没有用心维持，时常关心对方，互助合作。寄一封电子邮件：

亲爱的艾伦：

您好！最近好吗？事情是这样的……（写你的近况）。

总之，我蛮享受在这家公司的时光，但我也在考虑跳槽的可能。若你能帮我打听看看某某（行业名称）相关的职缺信息，我非常感谢。

敬颂时祺

凯莉　敬上

192 / 写封合宜的辞呈

无论你多憎恨原公司，措辞和语气还是不能太过激烈。好聚好散！一旦你确定要离职，就开始准备写一封正式的辞职信，不需要洒狗血或掏心掏肺，只要诚实地写出你的感受。一封合格的辞职信一般必须包括以下内容：

◆ 你将辞去某职位。

◆ 过去某段时间来，你经历了许多，非常感谢遇到了很多挑战与困难，让你成长。

◆ 你的离职日期预计是某月某日，或是你愿意延到某月某日再离职，让工作交接更为顺利。至少依照劳动法规定的不同年资，在预计离职日前的十至三十日递辞呈。

193 / 用你的人脉帮助他人

如果某天某个朋友或同事跟你说他们想跳槽，你说："我有个朋友在相关行业工作，我可以帮你问问看。"当你第一次说出这番话时，你自己必定也会感到很满足吧，有能力去帮助他们，这种感觉非常棒！如果你平常都这么做的话，当你自己想跳槽时，寄一封简单的电子邮件，也会有很多人跳出来帮你。

帮别人引荐可从电子邮件开始，特别是寄冷电邮。冷电邮泛指寄给不是特别熟稔的人，希望对方能帮忙的所有邮件。先简单向双方确认这样介绍双方认识是否合适。一旦他们答应了，就先寄一封邮件给你相关行业的朋友，记得把邮件同时抄送给想跳槽的那位朋友：

亲爱的艾伦：

我想跟您介绍安。前几天与你提过，安有多年的营销工作经验，她对公关行业也非常有兴趣，因为你是这方面的专家，不知道是否能让她请教你一些问题？

安：

艾伦是某公司的公关总监，非常优秀的人才。

希望能介绍你们互相认识。

凯莉 敬上

这样一来，应该会对朋友的跳槽帮助很大。

一点小讨论

（1）若你是善于建立人际网络的鲨鱼，那你觉得你是哪一种鲨鱼呢？延伸问题：你觉得唐纳德·特朗普属于哪一种？

（2）这章里我们举了个醉醺醺的实习生的例子，你是不是以为这个实习生就是我自己？别猜了，不是我！

（3）有没有遇过富有正义感的同事，请重感冒的同事在办公室戴上口罩？我们可以从这些人身上学到什么？

驾驭金钱，
才能通往自由

- 给自己一些"每日津贴"
- 至少准备一笔急用金
- 绝不向朋友借钱

嗯，金钱啊。最麻烦的东西。作为一个成年人，建立负责的金钱观是非常重要的事——

你需要控制无尽的购物冲动；你需要替未来的生活着想，而不是只享受现在；你需要耐心安抚你的消费欲望；你要知道，就算没有买那副复古太阳镜，你也能活下去。对很多人来说，做到这些事，简直比登天还难。

毕竟，花钱的快感实在太令人着迷了！不管是吃美味的食物还是喝十块钱一杯的饮料，不管是买好看的帽子还是订出行的机票，或是各种各样让人眼花缭乱的奢侈品，在你付钱购买的那一刻，你的内心充满了激动和兴奋。那些东西就在那里，充满诱惑地呼唤你，你总是无法克制自己不去买。它们仿佛在你耳边悄声奸诈地对你洗脑："嘿！如果带着这个新上市的包包上街，多吸引眼球啊？要不要买些马卡龙？是不是该去商场买点什么了？天啊，你知道吗？我现在非常饿，好想吃寿司。嗯，我要吃好多好多的寿司！"

然后你就毫无悬念地花了这笔钱。但通常我们二十三岁时，赚的钱少得可怜，以这种方式过生活，荷包更是越来越扁。

不过，虽然穷，还是要用一些聪明的方法让自己活得有尊严。你可以买不起昂贵的衣服，但你至少要学会打扮清爽、穿着得体；你可以办不起奢华的派对，但控制好预算，你也可以拥有一场简单温馨的派对；你也可以学会在不靠父母帮助的情况下，独立处理自己的紧急财务问题。

缺乏理财观念，就无法有稳定的生活质量，你会时时刻刻担心钱不够用。我自己就曾经经历过苦哈哈的日子，吃东西的选择少得可怜，只能买连锁快餐店的炸鸡充饥。但这也可以成为一种动力，让你审视自己的花钱习惯。当我年轻又缺钱的时候，我会因为快餐店的店员不小心多给了我一杯可乐而感到开心不已，完全放下了尊严。

不管你到了多少岁，钱这种事很难说，人生难免高低起伏，随时都要做好准备。

设定合理的理财目标

理财的第一步就是设定预期目标,有些人看到这本书时,可能已有诸多投资和理财经验,也赚了大钱,这些人就不需要看这章了,跳过吧!去享受你的人生!

但大多数的人可没这么幸运,有些刚进入社会的年轻人还没钱在外租屋,需要靠父母养。有些人急于闯出自己的一片天,赚钱养父母。前面提过,人生常常是你无法控制的,失控的情况千百种,最常遇到的就是有关金钱的问题,所以,如果你没有把财富管好,不需要太难过,现在开始也不迟。

你需要下定决心想明白自己要过什么样的生活,为了这个目标你必须存多少钱,你要如何赚钱——当然,你的行动更为重要,整天躺在沙发上空想,不可能财源滚滚。别因为自己目前还不够有能力而灰心丧气,或是陷入自己犯下的错误中,从此一蹶不振,你还年轻,任何错误都还有机会补救。

我也跟大部分的人一样,没有独具一格的理财头脑和投资眼光,也没有特别省吃俭用。我或许永远无法成为理财专家,但我还算是个好的钱包管理者,你一定也做得到!

忽略财务问题,问题不会自己消失,反而变得更难解决

时常一不注意,钱就好像长了脚,自己跑掉了。努力节流,时时紧盯钱的流向,确实是件苦差事,但又不得不做。所以,做财务规划前先设定好你的预算吧。

• 设定预算

设定花费预算就如同年度妇科检查或公司开会般令人讨厌，却又不可避免，顺利结束之后，又顿时解脱，可能还有些成就感。

196
详细了解自身的财务状况

先清楚每个月的税后收入是多少，才有办法分配花费。大家应该都很清楚自己的薪资，但有些人可能会有额外收入，譬如说专栏写作或在网店卖些手作的精巧耳环。

确定了你每个月的税后收入总数后，请记住这个数字，提早规划，每个月的花费绝不能超过此数目。

197
列出生活开销清单

将每个月的日常生活开销清单列出，包括房租、账单、日用品和水电煤气这类无法避免的开销，并多留5%的急用额度，以备不时之需。另外，从薪水中拨一些钱到了为了未来而存的储蓄账户（请见第209步）里。这些就是你每月的生活开销，里面还不包含长期储蓄以及可自由支配的收入（个人在支付必要花费后可供消费的收入）。

198
买非必要的物品时，请再三考虑

房贷中介康拉德提供了一个好方法，每半年检视一次自己银行及信用卡的财务状况。

他说："第一步是学会开始记账，记录每一笔花费，列一张清单，把食物花费多少、煤气花费多少、休闲娱乐花费多少以及购物的开支通通记录下来。"

将每个月非必要的支出标记起来，看看账本是不是几乎都标记满了，变得五颜六色？这可能有些警示作用，大家可能会很吃惊，自己花在喝咖啡上的费用竟然如此高，别再乱花钱了。

199 / **严格执行先前设定的预算**

这似乎有点违背人类花钱的天性，但一开始总要存钱的，存到一定程度后，你就有一些可自由支配的储蓄，即使你偶尔想买个小耳环，也不会觉得太罪恶。我的一位博客读者说："这跟减肥节食或戒掉垃圾食物是一样的道理，看似是种残酷的惩罚，但其实都是为了更美好的未来而付出的无可避免的代价，我把收入的一部分用在生活基本必要开销，一部分做计划性储蓄，剩下的就是可自由使用的闲钱。确定了每个月有多少可自由支配的收入，你就能毫无罪恶感地花用。"

200 / **给自己一些"每日津贴"**

每日津贴的原意是指公司付给因公出差员工的每日零用钱，而这里是指你必须决定每天可自由支配的花费额度。即使某天可能开销较大，也不可以向未来预支额度，这只会像滚雪球般越滚越大、越借越多！

201 / **写下每一笔开销**

若你想减肥，就要开始记下你吃的每一样食物，同样的道理，想节省开销，就要记账。若想达到节流储蓄，有记账就有机会做好收支管理。

有点类似第198步提过的，列出开销列表，就能标记出不必要的花费。

你或许会认为记账很麻烦又辛苦，但等你月底钱都花光了，你会觉得手头、户头都没钱是一件更痛苦的事。

202

购物就和喝酒一样

购物产生的快感非常高，让人上瘾，也让人疯狂。购物和所有新鲜或令人兴奋的事物一样，都会刺激大脑分泌多巴胺。

就像喝酒一样，当你沉溺于购物的快感时，大脑会分泌多巴胺，所以购物会让人上瘾。不是说完全不能买东西，但要有所节制。

你是否曾在心情不好、压力太大时，借由购物来宣泄情绪？完全不顾后果地冲动购物？内心总有些许挣扎，噢，我不应该买这么多东西或喝太多酒。你想说，没关系，你只买一点点或只喝一些，但最后的结局总是花了大把钞票后，你后悔莫及且依然备感空虚，或是处在严重的宿醉中，痛苦不堪。

203

找出一些专属于你的克制购物冲动的办法

你必须用些方法克制购物欲望和冲动。

我总是在宜家磨炼我这项能力。宜家对年轻人有极大的吸引力，一旦走进去，很难空手而归。

后来，只要我去逛宜家，我就不断在心里默念："我不需要这个，也不需要那个，更不需要那个……"

204
没钱的时候，就少逛街

没钱还逛街，是一件非常残忍的事，就像让一个正在减肥的人眼睁睁看别人吃鲜嫩的牛排一样。

我喜欢去旧货店或二手商店淘东西，常常因意外挑到好货而兴奋不已。但我二十二岁时，年薪少得可怜，除了基本的生活开支，根本没剩多少闲钱可花。我还是常逛旧货店，对好多物品我都爱不释手，完全无法忍住不买，进了一家店，怎么可能让自己空手而归！所以，远离诱惑吧！逛街只会让你更觉得自己又穷又可怜，别折磨自己了。

205
别沦为卡奴

别刷信用卡买一些超过你支付能力的昂贵衣物，就算你觉得穿上它们能让你找到一份好工作，也别刷卡去买任何一件你自认为是世界上最棒的物品。信用卡的欠款，就像哈利·波特系列故事里的大反派伏地魔，它就在那里，邪恶而强大，让你的生活变得糟糕，所以，你需要用尽一切努力去消灭它。

我爸爸曾说，如果一个人陷入了还信用卡的无限循环，每月仅能缴最低还款金额，那他就是信用卡的奴隶了。卡奴的生活真的很惨，背负着旁人难以想象的债务压力，完全无法喘息。所以，千万别让自己沦为卡奴。

每个月用信用卡买些小东西并无大碍，其实这也是必要的，每个月使用信用卡，金额仅限于你有能力付清的范围。每个月缴清，就能持续累积你的信用额度。一定要每个月完全缴清哟！永远不要为你的信用卡账单支付欠款的利息。

确定自己有办法每个月缴清后，就能好好利用信用卡的服务和优惠，包含专属优惠、现金回馈、累积飞行里程等。当然，别为了累积飞行里程而让自己陷入卡债啊！

206
冻结信用卡

感谢我的博客读者利亚提醒了这一点。对那些自控力不佳的人，要想办法让自己碰不到信用卡。若真的无法克制自己，只好用激烈一点的办法，装一碗水，把信用卡放进去，然后放入冰箱冷冻。迫不得已要使用时，才拿出来融化。

冰融化的时间至少需要几个小时，这些时间也刚好让你冷静一下，避免冲动购买。

207
买东西前，先停下来思考一下

有人建议买东西前花一个星期的时间思考是否真的需要这样物品。这对我来说也非常困难，我没办法忍这么久。

无法忍耐一个星期，至少也要思考几分钟，先离开那家店，去别的地方走走。让自己暂时脱离当下的购买欲望，冷静一下，待自己头脑清醒一点了后再回去，思考你是"需要"还是"想要"这样东西。

208
购物前先列清单

你常常会需要买某样物品，所以去宜家、目标百货、有机商品超市或H&M，但结账时发现，除了那一样你本来要买的东西，还顺便买了好多不在计划之内的东西。所以，购物前最好列一张清单，抗拒其他物品的诱惑，才不会沦为"月光族"。

209 / 将薪水拨一部分作为储蓄规划

为未来着想，无论薪水是否很少，都要拨一部分作为储蓄规划。你不可能拿不出这些钱，从现在起，每个月至少存薪水的10%至储蓄账户，不随便动用这个账户的钱。这些钱只供不时之需，人生难免有高低起伏，走到人生谷底时，这些储蓄还能维持你的生活。

210 / 身边至少准备一笔急用金

有储蓄规划的人一年后应该存了不小的数目，这就是你的第一笔最低限度的急用金。但这还远远不够，你需要每年持续积攒这笔基金。

急用金是财务规划非常重要的一部分，每一年都要认真计划和检视自己的急用金是否足够或是否花在了刀刃上。你所存的急用金可以在车子需要换轮胎、欠政府大笔钱或室友突然昏倒且要做紧急重大手术等危急时刻发挥极大效用。能用自己的急用金处理紧急事件，不用把信用卡刷爆，也不再需要请父母帮忙，代表你独立了，为自己喝彩吧！

211 / 在最理想的状况下，时刻备好三个月的生活开销金，如果你很厉害，可以存六个月的储备金

钱不是万能的，但没钱万万不能，有钱才有一定的自由，让你有机会脱离可怕悲惨的处境，像摆脱第187步说过的职场霸凌，或是离开与你同居的有暴力倾向的男朋友。

理财专员罗恩·科勒称这个概念为"机会/挑战储备金"。他说："你可能会忽然遇到一个很棒的工作机会，但条件是你需要搬到别的城市，需要马上租房子；你也可能会遇到车子突然抛锚，需要更换新车的

处境，这笔储备金能让你不必负债。你也不会因为担心如果失去工作，生活就过不下去，而只能一直困在不适合或没有发展机会的工作中。"

212

即使没办法存到三个月的储备金，最少也要有一个月的，有总比没有好

年轻人的规划储蓄，可以先求有，再求好，才能一步一个脚印向前迈进。

● 维持良好信用

又是老生常谈，但的确是如此，有一天，你要借贷、买房子或找工作，都不能有信用不良甚至信用破产的记录。要维持良好的信用记录必须遵守许多规则，但基本的规范不难达到。

213

剪掉信用卡，但不需要关掉账户

长期累积卡债会导致信用破产，目标是达到债务余额越少越好，信用额度越高越好。

214

别把账单拖着不缴

账单最好尽快缴掉，越快处理掉越好，拖着只会徒增麻烦。

账单一直没缴，放在桌子上，越堆越高，每天面对成堆的账单，总是感到焦虑不安。

账单很恼人，如同绦虫般，大家都只想离得远远的。但账单不缴不行，放着不管的账单更是如同不去处理的绦虫，变得更大、更难解决。

世界上很多人有能力付清账单的费用，但时常因为各种原因而不处理，可能是懒惰呀，一忙就忘了呀，总是有种种借口。如果你是这样的人，那么……

215

准时缴账单，准时缴账单，准时缴账单，重要的事情说三遍

若你是用在线缴纳账单的方式，最晚要在期限的前一天缴交。

假如你是容易忘东忘西的人，可以在手机备忘录设定每月提醒缴交账单的时间，或是办理账户自动扣款的方式，甚至可以请一位好朋友提醒你。养成习惯才是根本之道，每个月挑固定一天缴纳账单，每次都是同一天的同一时间，就会慢慢养成好习惯，才不会一天到晚接到催缴电话或通知，有可能还会因此需要加倍赔偿。

216

账单也有轻重缓急之分

每个人都能准时付清自己的账单，这当然是最理想的状态。如果这样的话，催缴部门就可以从世界上消失了。

但是，这有如乌托邦般的美好世界不可能存在！许多"月光族"到了月底总是手头很紧，虽然我们不该让自己落入如此悲惨的境地，但偶尔发生也在所难免。

若真的迫不得已，付不了账单，自己心里要有个底，哪些可以稍微延迟，而哪些一超过期限，就要付出极大的代价。

通常房租和信用卡账单是首要项目，房租金额较高，也是最主要的生活支出；信用卡则是因为迟缴账款就要付循环利息及违约金。接下来是公共设施使用费、保险费或学生贷款账单。学生贷款通常和信用卡公司有关系，迟缴会导致严重信用不良问题和记录。

最后才是电视、网络费或电话费，即使因为账单逾期缴纳遭停用，没有这些的生活虽然艰苦，但还算过得下去。

先满足最基础的需求
再一步步达成你的财务自由

217
若你的经济状况真的陷入困境，提前告知债权人或债权公司

若某段时期的经济状况太差，缴不出账单费用，先打电话给各公司提前告知。虽然他们可能会表现得事不关己，但大家毕竟还是有人性的，了解人都难免有周转不灵的时候。

前阵子，我收到了巨额医院账单，那金额之高，甚至是已经可以买一辆状况良好的二手车了。我没有逃避问题，而是选择先打电话给医院，让他们知道我的难处。医院也给了我善意的回应，他们愿意依照我的收入，拟定偿还计划。

但你必须在缴纳期限到期前就有所行动，而不是事后才告知——已经迟缴许久，才打给债权人或公司，显得非常没诚意。一旦碰到问题，就尽快打给账单负责人，表达你是个有信用的人，以及给出你想解决这个账单的诚意，提出偿还的计划。

理财专员罗恩说："提前告知对债权人和债务人都比较好，债权人对于何时能收回他们的钱有个心理准备，他们通常面对这种情况会愿意通融。债务人也不必因为时时刻刻担心自己要被追债而每天都过得心惊胆战。"

218
别害怕重新融资

重新融资看似是很复杂的专业术语，但其实没那么难，重新融资是指借新债还旧债，以降低利息。前阵子，我累积了六万多元的卡债，还要加上极高的利息。有一位非常有商业头脑的朋友就建议我，用个人重新融资的方式，转而从信用合作社借利息较低的消费者贷款，利息瞬间从20%降到4.5%。

请注意：信用合作社是指由具有共同利益的人组织起来的合作金融组织，具有互助性质，且不以营利为目的。以较低的利率，提供信贷服务，帮助经济状况不好的社员解决资金困难，以免遭高利贷盘剥。虽然信用合作社可能不像一般银行这么方便，到处都有分行和ATM，还是非常推荐加入信用合作社。依照不同工作、大学或居住地区而有各种信用合作社的入社资格。

● 就算没有钱，也可以活得有品质

很多人都觉得，既然没有多少钱了，就应该每天可怜兮兮地过日子。

"可是！"我听到内心有个细小而尖锐的声音说，"不行啊！这样活着还有什么意义！"其实只要用对方法，没钱依然有办法制造出许多生活乐趣，让这些乐趣成为你撑过贫困生活的动力。

只要你认真挑选，就能找到便宜却有品位的衣服

如果有足够的钱，怎么买衣服，都不太容易出错。穿上昂贵的衣服，很容易就看起来有型又时尚，不得不承认，很少遇到穿着难看的有钱人。

但就算预算不足，你依然可以让自己穿得很有气质。只要你把花费的金钱，替换成花费的时间，你就能找到适合你的物美价廉的好衣服。高档商场和专卖店随处都是剪裁有型、质感极佳的衣物，但你要想在二手商店或平价服饰店找到类似的衣服，可能要千挑万选才找得到一件。

去二手商店或平价服饰店买衣服，也别得过且过、妄自菲薄的心态，依然要认真挑选最完美、最适合你的那套衣服。心中要先有个想象，不能毫无目标，随意乱逛，否则很容易就买了一堆不适合你的衣服，穿一两次就再也不想穿了，非常浪费。先思考你需要哪些类型或样式的衣服，比如你确定要找的是白色蕾丝上衣或高腰灰色羊毛短裙，锁定目标去逛店，事半功倍。

如果可以，最好买经典的复古款式，走在时尚潮流尖端的新品很容易就不流行了，但复古元素经久不衰。我每次去旧货店，都专门寻找"古着"风格的衣服，对于那些古朴的样式和质感都了如指掌，也了解自己喜爱什么样的缝边、纽扣或拉链。

锁定几件有质感的设计师作品也不错。衣服的好坏主要是看基本的缝线及布料等，不妨先到高级百货公司看看昂贵服饰的缝线及布料是什么样子，心里有个底，再去旧货店或平价服饰店挑选。

举办交换衣物的活动

场地只需要在自家公寓，找几位身材相仿的朋友，最好还能准备几瓶酒，营造派对的感觉，每个人带来他们深藏衣柜许久的衣服、珠宝首饰或鞋子。那些不想再穿又舍不得丢的衣服，最适合拿到交换衣物的活动中。看到你曾经非常喜爱的衣物找到了适合它们的新主人，被欣喜若狂地带回家，你自己也换到了喜欢的新货，皆大欢喜，这种感觉非常棒！

221 聚会只点沙拉或小吃

店家或服务生必定讨厌这种行为，但这是省钱的最佳策略。晚上总是有各方朋友的邀约，但你已没有多余的钱可供玩乐，那就拒绝吧！若你真的想去，可以先在家吃些东西，填饱肚子，和朋友聚会时，就只需要点些小东西意思意思，譬如沙拉、小吃，或开胃小菜，以确保结账时，你不会一看到金额就懊悔不已。

请注意：虽然想省钱，但若是在欧美地区，该给的小费绝不能省。小费不是看你有多少钱，而是取决于享受多少服务。餐馆的小费一般是15%；高级餐厅则是18%到20%；酒吧就是每杯酒一美元（约等于6.5元人民币）。

222 没钱也别装阔，真正的友谊不会禁不起分开结账

聚餐时先询问店家服务生是否可以分开结账，确定可以再就座。当然，自己最好先准备好零钱，才不会有钱找不开的麻烦。用餐接近尾声，先想一下自己应该付多少钱（别忘了加上服务费、小费和饮料钱），再加上五十到一百元，以免自己漏算了什么，最后告诉大家你应该付的金额。若朋友点的主菜比你的贵几十块钱，别为了自己多付了几十块斤斤计较，就直接除以二来算吧！友谊长久，没必要因为钱而伤感情。若你真的很在意，换个角度想，这次你多付一点，下次有可能是对方多付

一点，总会扯平。

若你现金带得不够，必须刷卡付钱，可以这么做：由你去刷卡付整笔吃饭的费用，然后在账单或收据上写下每个人的花费。

将单据拿回餐桌，大家应该就会各自把他们的部分拿给你了，这样做才不会因为每次都请客而破产呀！

223

若你非常想去一家自认吃不起的顶级餐厅，可以去吃午餐

不知道为什么很多人都没发现这一点。午餐时间去用餐，既能体会到顶级餐厅的奢华氛围，食物也同等美味，但餐费金额足足比晚餐少60%。

224

找些不需要花大钱的休闲娱乐

买个法式滤压壶，学习煮咖啡给朋友喝；从有机食品超市买些平价酒和开胃小点；冬天在家举办聚餐，夏天则可去公园野餐。利用这些方式和朋友相聚，大家一起吃吃东西、聊聊天，花点小钱买些酒和食物，营造更美好的气氛，绝对值得。

但若你的朋友是有钱人，常常找你去高级酒吧或餐厅挥霍，就诚实地跟他们说你没有这么多预算，朋友一定能谅解。

225

绝不向朋友借钱

与朋友最好不要有金钱纠葛，否则结局通常不太好。除了不向朋友借钱，也别借给朋友钱。若你真的想帮助他们，以送礼物的方式代替，或是请对方吃晚餐。朋友之间就是互相帮忙嘛！

分清楚哪些花费是必要且值得的

我的朋友莎拉有一次跟我说，她认为花钱请专业人员帮狗狗剪趾甲是值得的，因为自己没有专业技术，可能会吓到狗狗或因为不慎剪得太过而流血。此外，值得花钱的事情还包括：更换机油；买一件有质量的冬季大衣，让自己暖和过冬；买一辆质量过得去的二手自行车，如果这是你的主要交通工具……

当你考虑某样花费是否必要且值得时，你要思考的是：

◆ 这个物品或服务对我的生活多重要？

◆ 假如我为了省钱，没有购买这个物品或服务，我的生活会不会反而变得一团糟，造成更严重的损失？

◆ 若我花两倍的钱买这样东西，使用寿命会不会增加四倍之多？

考虑一件东西的价格，要按它的使用寿命来核算

晚上与朋友吃饭很美好，没错，但如果你们去了很高档的餐厅，即使吃得很慢，边吃边聊，用了两个半小时来享受晚餐，但在这么短的时间内花了这么多钱，真的值得吗？

物品和服务都会随时间有不同的耗损程度，当你考虑它们的价值时，你一定会结合它们的使用寿命来进行核算。举个例子，如果可以，我当然想花两百多元买大品牌的粉底，而不是连锁药妆店几十块的便宜货。因为两百多元的粉底使用一年以上不成问题，平均算下来，一个月的花费不到二十元，其实也是值得入手的。

但你要注意的是，你不要用这种核算方式去衡量你的所有开销。如果你花了这笔钱，你就要缩减其他方面的开支。想想你要买的这件东西，是否值得你牺牲你买其他东西的机会，若你认为值得，就买吧！

再怎么核算使用寿命，也不要忘记预算这回事

除了女用贴身内衣裤，大部分的产品都可以考虑生命周期和成本的关系。但不管这个一千多块的产品多好、多吸引人，你甚至认为你可以用上一辈子，假如你现在手头上连一千块都没有，你还是别买了。还记得你设定预算的原则吗？预算不足，再好的东西，你连想都不用想。

好了，现在知道如何在经济拮据的状况下，依然保有基本的生活质量了吧？其实也没这么惨！但最好的办法，还是赶快脱离穷困生活。你一定有办法做到！若你只是个刚进入社会的年轻人，你只要记住，五年后，这些都不再是你的问题了。

• 进阶理财方案

现在，我们已经掌握了经济自主权，也知道该如何在经济拮据的状况下自处，甚至是自娱自乐。你可以开始想象美好的未来了，衣食无忧、手握盈余的那天总会来到的。

现在，该找个理财顾问谈一谈了。就算你现在手头没有多少钱，却有很多人想花钱买却也买不到的东西——时间。开始学习理财的时间越早越好，22岁就开始理财和32岁时才开始理财，两者的差距已经是天壤之别。如果你目前还在欠债的状态，一个好的理财顾问能帮你制订出合理的还债计划，接下来会让你的财务状况趋于稳定，最后还能帮你累积积蓄，让你手头变得宽裕。

大家有听过美国的401(k)计划吗？401(k)退休福利计划，是美国1981年创立的一种退休金储蓄计划，雇员每月提拨某一数额薪水（薪资的1%—15%）至其退休金账户，最后累积下来的数字非常可观。

但也别被括号中的k吓到了，你可以假设这个字母代表的是金柑（kumquat）或无尾熊（koala），或其他k开头的单词。想象一下，

401(k)退休福利计划是只无尾熊，懒洋洋地在树上吃着尤加利叶，你好喜欢它，对它别无所求，只要它开心快乐，吃得胖胖的就好。

我对财务管理的印象就是枯燥难懂又无趣，所以我就把一些概念做了联想，想象成动物会让我比较放松，理财这件事就变得没这么难了。就如同刚刚把401(k)想成无尾熊，下面我们来把各种艰涩难懂的金融专业术语做些联想吧！

比如"复利"，它就像猎豹，奔跑的速度惊人，远远超越了像蜗牛的"单利"。若你的存款利息为复利，复利可以说是利用小钱累积财富的最佳帮手。但相反的情况下，若现在这笔钱不是储蓄，而是负债，那"复利"猎豹则会造成负财富累积，非常可怕，可能会毁了你，如同猎豹紧追着瞪羚。

至于美国的个人退休金账户，就像鬣蜥，若符合减免要求，存款可在报税时减抵税金。

　　还有树懒储蓄法，因为树懒的动作超级慢，树懒行动缓慢也是为了保存能量，每个人的生活也都应该落实这种精神，储蓄就是慢慢地、一点一滴地累积。

　　而退休金则很像熊猫。在美国，因为每年人们缴纳退休金的金额小于需要支付的金额，所以造成了赤字，退休金已如熊猫般濒危，快要无法应对大量人口老龄化的危机了。

• 了解你的纳税情况

229
借由音乐，帮助自己冷静计算税额

税收其实没那么吓人，若你只有一份工作，尤其是年轻人，就很简单，可自行使用网络软件申报缴税。我喜欢自己计算出应纳税额，一边计算，一边听与钱相关的嘻哈音乐。这不是必要的方法，但如果你这么做了，你会自我感觉良好，一切尽在掌握。

推荐的嘻哈音乐：

- 杰斯（Jay-Z）的歌曲 *Money Ain't A Thang*
- 李尔·韦恩（Lil Wayne）与T-佩尼（T-Pain）的歌曲 *Got Money*
- 歌手鸟人（Birdman）、李尔·韦恩和德雷克（Drake）的歌曲 *Money to Blow*
- 史努比·狗狗（Snoop Dogg）的歌曲 *Gin and Juice*
- 武当派（Wu-Tang Clan）的歌曲 *C.R.E.A.M.*
- 李尔·韦恩的歌曲 *Duffle Bag Boy*

230
选择使用在线税务试算网站

税务试算网站或软件都不难操作，只需要把你以往的纳税数据填一填，可能还会有一些相关问题，譬如说："最近一年买房子吗？"用网站或软件帮你算税务非常方便，就算有时候需要支付一定的计算费用，但也比你专门请人来帮你处理要便宜得多。

若你的税务状况较为复杂，譬如说你有巨额投资收入、自主创业或者新婚夫妇的税务合并申报的情况，也可以考虑直接去国税局或所属的

分局，才不会搞得一个头两个大。

常有人问：平时需要留发票吗？

答案：通常要保留。你可以拿一个鞋盒，在盒盖上割一个洞，上面写上"发票单据"，把你平时收集的发票单据都放进去。

231 / 有钱，并没有那么困难

看到这里，你会发现，财富的积累其实是一件非常简单的事：只要好好规划，长期维持支出比收入少就对了。

一点小讨论

（1）你买过的最贵的衣物是什么？买下这件衣服，你觉得自己是更有满足感呢，还是更有罪恶感？

（2）你有过信用卡付款遭拒的经验吗？当你刷卡失败时，你是会尴尬地默默收回卡片，给个看似合理的解释，还是会说"怎么会这样！我要给银行打个电话！这种情况有时候会发生，真奇怪！"搞得好像全是信用卡公司或银行的问题？我就是这么做的。尽管事实就是因为我刷卡太多，超出了信用额度的上限。

（3）为什么我们不能一开始就是有钱人呢？

让你喜欢的那些东西
陪伴你更久

- 必须对白色的衣服负责
- 别习惯性地在假日睡懒觉
- 领养免费但养宠物不是

万物都会崩解或毁坏。山谷以一种非常缓慢的速度分崩离析，相比之下，汽车若没有检验或维修，报废仿佛只是一瞬间的事。

大家总是希望能一次性解决所有的麻烦。如果问题出现，解决一次，最好以后就永远不会再出状况。但事情总是无法如你所愿。人始终都在处理不断重复发生的问题，解决后又再出现，循环不迭，永远处理不完。

但换个角度想，维护这件事本身，也并不像你想象的那么难。生活中的大部分东西，只需要你每天给六分钟的关爱，就能够维持下去；另一部分的东西，只需要每过几个月认真地照料一次，就能历久弥新。即使维护的过程有点单调乏味，但只需要这一点点的时间，就可以让那些你喜欢的东西陪伴你更久。小付出，大收获，不是吗？

所以，请谨记在心：现在为了维护所花的那一点时间和金钱，能避免未来更大的花费、更多的不便和更多的麻烦。例如：花个几分钟把做工细致的衣服挂起来晾干，穿在身上才不会像只死水母；固定检验或维修汽车，要开长途路程去参加婚礼时，才不会开到半路抛锚，才不会因无法参加最好朋友的婚礼而遗憾又懊悔。

不只是汽车，还包括你的健康、财务和友谊都需要时时注意。如果你觉得维系这些东西会让你感到有压力，至少往积极的方向想，既然迟早都要做，不如赶早不赶晚。

这一章和前面几章不太一样，我们列举了很多生活的实体物品，而不是前面提过的财务或人与人的关系等抽象概念。你只需要记住一件事：你可以拥有心动又美好的东西——只要你把它们当成心动又美好的东西来对待。

● 保养好你忠诚的车子

如果你的日常出行需要一辆车，那它应该是你最重要的财产。没错，你最重要的财产，不是你那件好看的复古外套，不是你的吉他，不是你奶奶留给你的家传婚戒。如果这些东西丢失了，你虽然会心痛很久，但你的生活并不会受到太大的影响。但如果车子不见了——哪怕只是短期不能用车而已——你的生活立刻就会举步维艰。

你无法避免车子出故障，但只要平时采取一些步骤，你就不至于在开长途路程去参加一场重要会议前，因为车子突然熄火而手忙脚乱。

232
给你的车子取个名字

你大约花了收入的15%用在汽车加油、投保汽车险或维修上，投注了这么多心血在车子身上，对它不免有强烈的情感。帮车子取名吧！取个你喜欢的名字，好好珍惜它！你跟它是站在同一阵线的，得保护它，以最温柔的态度相待，例如避免起步时马上重踩油门，或是才刚换轮胎，就马上让车速过快。车子载着你东奔西跑，维护你的安全，让你不至于被风吹雨淋，还能播放你喜爱的音乐，它仅有的愿望只是你的善意相待，所以，记得以爱护它的心情驾驶。这样不为过吧？

233
找一家靠谱的维修厂

可询问朋友是否有推荐的，找汽车维修人员与找律师的道理相似，好的维修人员让顾客满意，坏的维修人员只会惹出更多麻烦。我很幸运，遇到了优质的维修人员谢恩，他不只修车技术好，也很有职业道德。他很诚实，不会无故报出本来没必要的维修项目，趁机大幅提高维修费用，也不会偷工减料，还给我非常多的折扣。不只这样，他也非常有耐心，愿意坐下来慢慢跟我讲解该如何保养车子。

234 买二手车必须研究清楚车况，观察评价或多问人

想买车，但还没存到足够的钱，那就先考虑二手车吧。但买二手车最需要了解前车主的使用状况，包括前车主的用车环境或开车习惯，这些都可以从车辆过去的维修记录来判断。毕竟你是要花一大笔钱买辆二手车，当然希望这辆车子的前车主好好待过它，定期检验、保养，才不会买到一辆后续需要常常维修的车。尤其二手车因为车款较旧，后续维修零件费用与更换难度较大，有些技师可能不会换或者不熟悉，那就更麻烦了。

谢恩提供了一些评估二手车的技巧：

◆ 1.确定能顺利发动车子，引擎没有问题。

◆ 2.检查排气管的冒烟状况和声音。汽车排气管冒白烟，很有可能就是引擎吃到机油了！

◆ 3.试开看看，至少要测试到大约时速七十公里的状况。不论手动档车或自动档车，每一个档位都测试查看挂档是否顺畅。若有自动换档功能，还是要注意自动换档的时机是否正确。若出现刺耳的声音、咚咚的金属声或撞击声，就是一大隐患。谢恩说："试车时最好在颠簸的路面开开看，确认车辆是否够坚固，还是已经濒临解体，连方向盘都摇摇晃晃。"

◆ 4.试车结束后，停放一阵子，检视有没有滴油或滴水的现象，也检查这辆车原先停放的地方有没有污渍残留。

我的朋友珊对买二手车还有个独到又有趣的策略，她是依照皮椅的损耗程度，评估前任车主照顾车的用心程度，她倒不是真的很在意皮椅的好坏，只是从这里可以看出前车主之前是否用心照料过这辆车。

235
别买二手的欧洲车

通常二手的欧洲车都比较少见、特殊，相对地，维修时花费也会高出许多。

236
尽量买日本或美国出产的二手车

谢恩说："比起欧洲车，日产车质量更好，价格也更为合理，一旦需要维修，日产车的零件也较容易取得。"他还补充说，仅次于日产车的是美国国产车。

237
买二手车前，先请汽车专门人员检查过

我的汽车维修人员谢恩说，请维修厂检查并不贵，毕竟比起因为检查不彻底而买到非常糟糕的二手车，后续修理或换零件的花费绝对比现在花钱请维修厂检验的费用高出很多。多参考汽车专业人员的建议，别被欲望蒙蔽了双眼，忽略了别人的劝告。很多小问题其实很好解决，请维修厂提供报价，你再去询问二手车经销商是否可以先把这个问题修好，或是抓住你发现的问题，把它们当成议价条件。

238
记得换机油

参考车主使用手册，一般车子行驶五千公里就要换机油，才能使引擎的运转更润滑、安静，还能省油。

美国很多维修厂会在汽车前风挡玻璃上贴个标签，提醒你下次换油

的里程数，别把标签撕掉，如果哪天开到了那个里程数，时时刻刻有着标签提醒你，不换也不行。

239 学会检查引擎机油量

冷车未发动时，机油量可以从机油尺上的标准刻度判断。首先将机油尺拉出来，用干净的纸巾擦干净，插回机油槽内，再拉出来，就可以看到机油量是否有在标准刻度，若机油量明显低于标准刻度，就要加机油了。

240 汽车每开三万公里（或依车主使用手册上的建议公里数）定期进厂保养检查

如同定期检查牙齿，或是带呕吐不止的狗狗去找兽医，汽车定期进厂保养是不得不做的事。

谢恩说："每开三万公里，车子的零件就要保养或更换，依照你的预算，选择定期保养检查项目，特别要注意冷却剂、传动油、刹车、安全带、轮胎是否需要汰旧换新。"

241 注意车上的警示灯，特别是显示红色时

仪表板若有红色警示灯自行亮起，就表示车子有异常状况，这时候就需要注意一下：车子开起来跟亮灯前有什么不同？

亮起红色代表危险，建议立即处理，不然会对车子造成永久性伤害；若是警示灯显示黄色（橙色）则代表警告，建议尽快排除。特别要

注意机油灯若显示红色，是提醒驾驶者油压不足，再继续行驶会因为润滑不良而导致引擎缩缸，可能会造成引擎受损、动力衰退，或者引擎咬死，无法发动。

你可能并不完全了解仪表板上每个警示灯所代表的意思，但汽车维修人员和汽车零件店的工作人员都具备这些专业知识。多数汽车零件店的工作人员不吝于帮你解惑，但汽车维修人员通常需要收费，若你希望他们免费帮你看看，可先打电话询问是否可免费帮忙解释警示灯的意思。

● 一分钟了解车子的"报警"信号

有时候你会觉得车子哪里怪怪的，那就是车子在警告你某些部分出问题了：

◆ 若车速很慢，你却感觉车子严重晃动，如同高速开在颠簸路面般失控，这可能是轮胎的问题。谢恩说，这很明显是前轮漏气，车子会变得非常难以掌握。若是后轮漏气，则会感觉到车尾左右滑移，这时候就别继续开了，赶紧换轮胎，或是打电话请求协助！（请见第402步）

◆ 刹车时听到异常的撞击声或尖锐的金属摩擦声，极有可能是刹车系统出了问题，这个问题其实很好处理，花费也不高。但若是拖太久不修理，造成刹车盘严重磨损才更换或送厂研磨，费用就会非常高。

◆ 车辆在直行时好好的，但在转弯时发出咔嗒声，可能是传动轴出了问题。

◆ 当汽车加速时，出现沉闷敲打声或是爆鸣声响，可能是引擎内部零件故障，或引擎活塞毁坏。若是嘎吱作响的声音，有可能是活塞毁坏，也有可能是喷油嘴或线圈的问题。

◆ 车子在平坦路面行驶时，松开方向盘，车子马上向左或向右偏移，可能是定位问题，原因或许是出自于四个轮胎的磨损不平均，应该时常检查轮胎胎纹的磨损状况，或是请汽车维修厂做四轮定位。

胎纹变得不明显，记得换轮胎

还记得我前面说过牙齿检查和汽车定期保养是毫无乐趣可言但又不得不做的事吗？其实比起那两件事，换轮胎更是又贵又无趣的无冕之王。

有一次，我正在为换胎的事儿而火冒三丈，忍不住打电话给T.J.——一个轮胎制造商代表，他是个对轮胎非常有热情的人——我问他是否已经厌烦大家一天到晚问他轮胎相关的问题，他立刻回答说："怎么会呢？轮胎是一个特别酷的东西，酷到我都很难向你解释明白它有多大的魅力。"

于是，他指出了轮胎最有意思的地方——它是整辆车子中唯一和地面接触的部分，因此重要性不言而喻。

关于轮胎的胎纹，若沟深低于1.6毫米，就是该换轮胎的时候了。你也可使用硬币测试法，将一枚硬币放入胎沟内，若放入后还是可以看到大半硬币，就表示胎沟太浅。

若你真的非常拮据，可考虑买二手轮胎，但为了安全起见，最好还是用全新的轮胎。许多轮胎行都有提供免费前后对调轮胎位置的服务，可使轮胎磨耗程度较为平均一致，延长使用寿命。有些也会提供轮胎保固服务，可事先询问，确认保固的时间及范围，以及若要修补轮胎破洞，是否也在保固范围内，保固期多长。我之前就是因为买轮胎时附加保固，后来在保固期内爆胎，换新轮胎也不用多花一毛钱。只要你提前做好功课，了解相关信息，就不需要在这项又无聊又费钱的事情上浪费你珍贵的钱啦。

• 打理好你心爱的衣服

让我们来做个游戏。

首先，在你的脑海里，想象一个你认识的精明能干的人，想好了吗？

然后，再想象一个你认识的衣服上总是沾着污渍的人。

好了！游戏结束！下面是我的推测：你刚才想象的这两个人，绝对不是同一个人。我猜得没错吧？

如同前面关于金钱的章节里提到过的那样，你不需要花很多钱买衣服，打肿脸充胖子。但你的确需要懂得如何正确清洁与保养衣服，才能让你看起来更干净。比如每件衣服都有适合它的洗涤温度和清洁方式，又比如颜色近似的衣服最好放在一起洗。

如果你真心想要呵护你的衣物，那么下面四样基础小物非常推荐你入手：

- 不会使衣服褪色的洗衣液。
- 针对顽固污渍的去渍剂。
- 洗衣袋（能保护你的内衣在洗衣机里不会被洗走形）。
- 无痕衣架。

243 / 告别皱巴巴的衣服

有两种方法可以让你的衣服变得平整。

- 第一种方法，准备一台蒸汽挂烫机。

不是手持式旅用简易熨斗，而是内附专用底座与蒸汽喷嘴的蒸汽挂烫机。

熨烫衣服是一个非常神奇的过程，当衣服上的所有皱褶被一一抚平，衣服散发出清新、干净的气息，就好像被重新赋予了生命力。没错，旧衣熨烫过后，真的宛如新衣服。

要熨烫并不难，你只需要将衣服反转过来，用蒸汽喷嘴对准衣服来回刷烫，慢慢移动到各个角度，让蒸气往上升，达到烫平的效果。注意你的手指，别被烫伤了！没有拿蒸汽喷嘴的那只手，可戴上烤箱手套，这是避免手指烫伤的好方法。熨衣服的第一要务是注意安全！

◆ 第二种方法，准备一个基本款的熨斗（注意，不是那种廉价的款式）。

如果你想要熨平衣服的某些小部位，熨斗就是非常实用的工具。譬如说白色衬衫的衣领，你可以用熨斗创造出完美的衣领挺度。建议购买蒸汽喷雾型熨斗，现在市面上大部分的熨斗都是这一类。

使用时，可依布料的不同，把熨斗调到适当的温度，选对正确的温度，才不会伤害衣服。把要熨烫的部分平铺在熨衣板上，一边烫一边拉直，以缓慢的速度移动熨斗，最好不要在同一个点上停留太久。烫衣服的顺序是先从不易皱的小地方（衣领或袖子）开始，再移到大面积的部分。若你开始熨衣服了，就把所有衣服都熨烫一遍吧，否则熨过和没熨过的衣服同时穿在身上，没熨过的衣服皱褶绝对会特别明显。

244

如果你用了衣物除臭喷雾，记得等衣服完全干燥后再穿

喷洒衣物除臭喷雾后，请耐心等待几分钟，让衣服完全变干。你也可以在衣服变干后，喷洒一点发胶（请见第249步）。

245

使用冷水清洗衣服

除非真的有顽固的污渍需要用热水洗涤，要不然就用冷水。使用过热的水洗衣服，可能会导致衣服缩水、产生褶皱或斑点状地掉色。热水耗用的能源也较多，不环保。

246

按颜色分类清洗衣服

按颜色分成纯白色、浅色和深色等等，特别注意可能会掉色的衣服，尤其是刚买的新衣服，你还不确认它的特性是否容易褪色、掉色或是遭染色，一定要小心洗涤。颜色饱和的棉质衣物特别容易掉色，千万不要与其他衣服混在一起洗。

247

学会手洗衣服

手洗衣服其实很简单，甚至比拖着一大篮衣服到附近的自助洗衣店来得轻松。

做工精细的毛线衫、蕾丝、丝绸等考究材质的衣服，或是女性贴身内衣裤，最好都用手洗，而不是丢到洗衣机里。

如何手洗衣服？将水槽或浴盆装满冷水，并加一些洗衣液。若衣服上沾有食物油渍，可加一点洗洁精。

将衣服泡入水中，轻轻揉搓，至少浸泡30分钟，持续揉搓，再把衣服的水拧干，以干净的水冲洗，最后晾干。

248

不是所有衣服都可放入烘干机

烘干机可能会烘坏某些材质的衣物，或是让新衣服变得陈旧。烘干机就像美国总统职位，常因过度操劳，让原本年轻气盛的人变得未老先衰、白发苍苍。

某些材质的衣服使用烘干机完全没问题，例如牛仔裤、袜子、短袖汗衫以及其他材质强韧、耐磨的衣物。但是，以弹性纤维为布料的泳装，或是含有大量合成纤维以及做工精细的衣服，绝不能为了省事，就通通丢进烘干机，还是得乖乖地一件件用衣架晾起来。

请注意：有些衣服刚洗完会变得非常重，这时候别直接挂起来，避免肩膀两侧的部位被衣架弄到变形。毛衣或厚重的连衣裙可以先放到毛巾上吸水，变得比较轻之后，再晾起来。

249 使用发胶除去污渍

珊·哈特已经经营二手衣物精品店大约二十年的时间，她对于如何去除衣服的污渍和异味很有心得。

珊就是用便宜的发胶喷雾去除污渍，以她多年的经验，去渍剂述不一定有用，但用发胶喷雾通常有效。

此外，前面稍微提过，衣服上的食物油渍，可用洗洁精去除。珊说："洗洁精能有效洗净锅子残留的油脂污垢，代表它应该也能除去裤子上的油渍。"用冷水清洗不小心沾到食物油渍的衣服，还有机会恢复原状，但千万别用热水洗，有些污渍遇到热水反而会变得更顽固，只要用冷水沾湿，加一些洗洁精搓洗，通常都能够不留痕迹地去除污渍。

250 使用醋去除衣物的异味

将一小杯白醋倒入洗衣机，可有效消除衣服的异味。小苏打粉加上白醋也是去除污渍的好帮手，特别是衣服腋下处的黄斑。

251 别害怕使用漂白水

漂白水的恶评如潮，导致多年来我都不敢使用。漂白水的原理是什么？能怎么用？衣服会因为沾到漂白水而褪色吗？我还担心漂白水在空气中挥发，危及我的安全。

但只要正确地使用，问题就没有这么严重。漂白水仅适用于白色的衣物，使用前需要稀释，如果直接倒在衣物上，可能会损害衣服。正确的使用方法是先将洗衣槽注满水，再加入3/4杯的漂白水，均匀混合后，再放入白色衣服。

珊还提供了一个小秘诀：用漂白水洗完之后，如果把衣服晾在太阳底下，晒干后会更加白得发亮。

252
必须对白色衣服负责，确保穿一整天还保持干净

除了白色，其他浅色衣服也是如此，穿上之前，自问是否有办法经历一天的各种活动，依然保持衣服洁白无瑕：

◆ 喝任何炖了西红柿的汤？尤其是那些漂浮着黄色油光的汤？

◆ 画画？

◆ 使用签字笔？

◆ 在车上吃汤汤水水的食物？

◆ 处理汽车的问题（包括自己换轮胎和换机油，或是任何需要打开引擎盖处理的问题）？

◆ 刚好吃沾芥末的食物，芥末会不会不小心沾到衣服？

◆ 席地而坐？

◆ 辣味奶酪？

◆ 喝酒狂欢？参加饮酒狂欢的派对最有可能把白色衣服弄脏，因为它集结了所有的危险因子。

不过，不一定在外面才有机会弄脏白色衣服，有可能一整天都小心谨慎，最后回到家才不小心沾到东西，那就真是功亏一篑。家里看似安全，但有37%的难以去除的污渍是在家里沾到的，这个数字只是我随意猜测的，但应该大约如此。

253

找到衣物最适合的收纳方式

帽子放入帽盒。手提包整齐收纳在柜子顶部，别总是用背带挂着，背带长期默默支撑着包包的重量，毫无怨言，回到家也让它们一起放松休息一下。

内衣一件件整齐排好，别把袜子跟女性内衣裤放在一起。

254

依照衣物的特性，决定要折叠还是挂起

需要吊挂的衣物：做工精细或材质精致的裤子、裙子（除了比较休闲的款式或不易皱的材质）、衬衫、夹克、有垫肩或材质硬挺的衣服、洋装、外套、领带（收纳时不打结）。

可折叠收纳的衣物：毛衣、T恤、内衣裤、运动服装、牛仔裤。

255

收纳珠宝时，记得视若珍宝

高级的珠宝首饰最好以珠宝盒分门别类收纳，珠宝收纳盒内部隔层铺着天鹅绒或其他细致的布料，可防刮伤。尤其是珍珠，不可与其他宝石或钻石首饰混放在一起，香水或乳液也尽量不要放在附近，它们容易让珍珠的光泽消退。

256

有些东西绝不能放入包包

不管任何原因，都不能把下列物品放进包包，否则后果通常惨不忍睹：

◆ 墨西哥卷饼。

◆ 罐装或瓶装饮料（除非你非常确定它完全密封）。

◆ 漏水的笔。笔一旦开始漏水，你必须以对待劈腿的男朋友的方式，毫不留恋地丢掉它！

◆ 天气非常热的时候，也不能把口红随手丢进包包。

◆ 其他液状的化妆品（粉底液、唇彩、液状眼线笔），除非你非常确定它的盖子或拉链不会出问题。

◆ 意大利比萨馅儿饼。

◆ 任何肉类。牛肉干还能接受。

不得不把这些东西放进包包的话，记得用夹链袋装起来。

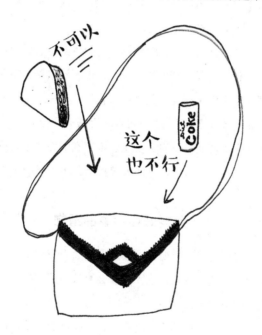

257

找一家你喜欢的裁缝店

不是一定要找裁缝店，自己缝纫也乐趣无穷。但若是高级西装或昂贵的衣服，你希望修改到完美合身，不必为了省那点钱而把衣服毁了。

可请教办公室的同事都是去哪家裁缝店修改西装或套装。一位厉害的裁缝就如同出色的机械技师，都是需要口耳相传得知，很难自己找到，网络上的信息太多了，真真假假，还是由身边的人推荐比较实在。除了问同事，也不妨问问家人或朋友，是否有大力推荐的裁缝。

258

干洗店或许能拯救已经脏到无药可救的衣物

干洗店真的很神奇！它们就像魔术师，有着神奇的魔法，能把一些看似无药可救的衣物损伤复原，不只如此，有时甚至连已经扁塌、褪色或看起来死气沉沉的衣物都能复旧如新。

分享个经验，有一次，我随手将一支颜色鲜艳的唇膏和驼色外套一起放入包包，后来发现外套上沾满口红，惨不忍睹呀！不管我如何躲在健身房的更衣室里大哭，或是跟任何人抱怨我悲惨的命运——居然亲手毁了我最爱的外套，都无法解决问题。后来有一位好心人看我如此悲伤，建议我拿去干洗店试试看，反正也没有别的办法了。没想到干洗店居然成功去除了口红的污渍，这件大衣我现在还在穿。

• 照料好你中意的植物

我很敬佩那些会栽种及照顾植物的人。因为植物不会告诉你它们的需求，若长期缺乏它们需要的东西，就会直接枯萎和死亡，让你措手不及，这就是室内植物的被动性。

室内盆栽植物并没有那么容易照顾，最基本的是要帮植物浇水。在家里栽种一些植物，可以增添生机，某些植物还能有效吸收二氧化碳，释放氧气，况且，一天只要花几分钟的时间照顾，就能看着自己所种植的植物枝叶茂盛，多有成就感！

259
寻找适合的室内盆栽植物

很多植物适合室内种植，只要把它们放在有自然光的窗边，甚至不一定要直接受太阳光的照射。如果你打算去花卉市场买点植物，最好在出门前找好适合植物摆放的位置，看看这个位置的自然光照情况：一天会有六小时的光照，还是两小时？是终年荫蔽，还是阳光直射？这些信息，可以让花卉市场的工作人员更准确地帮你找出适合的植物。

比较容易上手的室内植物有这些：多肉植物（包括芦荟）、小仙人掌、苏铁、非洲紫罗兰、无花果树、蔓绿绒、吊兰。

260
了解你的植物需要浇水的频率

过度浇水会淹死植物；植物若是缺水，叶片会萎凋下垂。缺水过久的植物，呈现皱缩而趋近休眠状态，但若二十四小时内浇水，就可见到它逐渐恢复生机。

分辨是否需要浇水最简单的方式是用手触摸花盆内的土壤，若还是潮湿的状态，就不需要再浇水。

有时候不管怎么浇水，水都很快就从花盆底部流出，土壤摸起来还是干干的，这时候可在花瓶底部放一个托盘，如此一来，水即使流出，也会停留在托盘里，土壤可从底部吸收水分，保持湿润。

261
别马上将植物换盆

其实植物跟人一样，不喜欢搬家，搬家会使它们焦虑、紧张、不安，除非原本的环境过于恶劣，它们才会想搬家。硬是要马上帮刚买回来的植物换盆，很容易造成伤害。

刚买回家的植物，就让它们在原本的花盆中待一段时间。买一个大一点的漂亮花盆，一般直径要比原本的花盆大五厘米。举例来说，原本是二十厘米，你就要买二十五厘米的，这样才能让植物有足够的生长空间。可先把现在的花盆放入它们未来的家，二十厘米的盆子放入二十五厘米的盆子里，上面铺一些苔藓作为装饰。

262
待植物的根部强韧茁壮，即可换盆

若你当初带回家的盆栽还未发根，在你妥善照顾之下，植物会慢慢长出根系。用铲耙将盆子边缘的土壤略为松一松，使整个盆土松动，再将盆栽倾斜摇动，根部若是环绕土壤的边缘，代表植物可以换盆了，即可取出植株。

新盆子里放入新的栽培土，换盆的所有动作都要缓慢、轻柔，换盆完成后须用水将盆土完全浇透。这样，你的植物就可以搬入新家啦。

● 照顾好你可爱的宠物

恭喜你，你学会了照料植物的方法，没有成为植物杀手！现在你是不是已经做好下一步准备，成为更有责任心的大人了？没错，养宠物是一件非常美好的事，如果你有足够的责任心，也的确很爱它们，你可以放手去养宠物了！

我一搬出学校宿舍，住进我的第一间公寓，就马上养了一只心爱的猫咪。现在想想，其实当时我考虑得并不周全，完全没有想过这些问题：我是否有钱带它去做每年一次的例行健康检查？若我暑假去实习，谁能照顾它？假如它的寿命是十五年，往后十五年和它一起生活是什么模样？……那时候，我的脑海里只有一个想法：如果家里有只猫，我的生活是不是会变得更有幸福感?

从那时候开始,八年过去了,我们依然互相依赖,享受着陪伴彼此的时光。但我之前从未思考过的那些问题的确存在:因为有猫,很多喜欢的公寓我都没有资格租住,因为那里规定不能养宠物;如果我要出远门,必须先想好要麻烦谁来照顾猫咪;花在兽医院的费用更不是一笔小数目……就算是现在,如果要我花几十万让它动手术,这笔钱我还是花不了,会觉得心疼。这样听起来,我好像是个没良心的主人,但我认为,饲养宠物的花费超过好几十万,似乎不太合理。尽管我的猫咪绝对800%值得我为它这么做,但这些问题的确是我在养猫前没有考虑过的。

其实猫还算比较容易照顾的宠物,有时候我甚至觉得它们就像前面提过的室内盆栽植物,很享受自己的空间,需要的照顾与花费较少。与猫相比,养狗则需要更多的照顾与花费。所以,养任何宠物前,最好都做一下功课,确保你能持续照顾它,而不会因为意想不到的麻烦而随意抛弃它。

几个小提醒:

◆ 别把宠物当毛毯,它们是有着盼望与梦想的小生命,也跟人一样,需要吃喝拉撒睡。

◆ 搬家无法成为遗弃宠物的借口,不能为了搬到豪华却不能养宠物的房子而弃养它。一旦被弃养,它可能会因为年迈、混种或是其他任何原因,无法再被收养。不管你是将它丢弃于路边,还是带到收容所,它的下场通常都很悲惨。

263

就算领养是免费的,养宠物也不是免费的

特别是领养刚出生的宠物,兽医院院长波特妮·莉波斯康指出,还没满十六周龄的小猫和小狗,每三周就要注射一次疫苗,每两周必须驱虫一次。从收容所领养宠物的好处,应该只有收容所会对它们做体检和

基本的医疗，有些还会做绝育手术。

但养宠物是一个长时间的过程，不仅仅是几天或几个星期的事，事实上，养宠物的花费极高。

迎接宠物回家前，先到银行支取出几千块现金，放入信封，写上"某某（宠物名）急用金"，妥善地收起。将来有一天这笔钱必会产生作用，不能随意乱花。

养一只宠物一年需要两到三万的花费，若你懂得如何避免它生病，花费有可能降低。养宠物前仔细想想，你每个月有办法存一千块当作宠物基金吗？

264
找一位你信任的兽医

波特妮认为可以先与多位兽医谈谈，再决定要找哪一位。她说："你要雇他们帮你处理宠物的各种问题前，可以先参观各家宠物医院，观察医疗设备仪器，询问处理过程及价格，也可以了解一下他们的理念。如此一来，才能找到你信任的兽医。"

265
别羞于跟兽医讨论最经济的选择

有良心的兽医不会想从饲主身上贪图大利，他们不会因为帮宠物看病就成为亿万富翁。他们通常也都了解，不是每个人都有能力负担如此庞大的费用，与兽医议价时，可说："我非常爱我的宠物，也希望它能受到最好的医疗照护，但我可能只能负担多少费用。"别羞于询问是否有成本更低但医疗效果依然维持在一定水平的选择。

266

买高质量的宠物食品

不需要从宠物医院购买过于昂贵高级的宠物食品，但一般的饲料品牌还是有高低之别的，有些营养比较全面，不是随便买买就好。

267

预防和治疗宠物身上的跳蚤，特别是夏天

兽医建议，预防跳蚤至少需要四个疗程以上才能停止治疗，但若你预算有限，或是住在高纬度寒冷地区，也可以只于春天和夏天接受疗程；或者自行购买除跳蚤喷剂，效果还是因宠物的状况而异。但廉价的除跳蚤项圈通常没什么效用。

使用除蚤产品前请先认真阅读说明书，若使用不当，可能因此毒害了心爱的宠物。务必花十分钟详阅使用说明，正确使用。若跳蚤已经入侵家中，可使用除虫剂全面除虫，才能防止宠物重复感染跳蚤。

268

注意宠物可能生病的迹象

波特妮提醒："只要宠物的行为稍有异常，就要多加注意。"不管是饮食习惯改变，还是活动力降低，都有可能是宠物生病的迹象。平常就要让宠物养成定时定量的饮食习惯，一有食欲变差的状况，就比较容易发现。很多宠物疾病的症状并不明显，主人很难察觉，所以这就是为什么宠物定期健康检查如此重要。

若宠物出现下列症状，马上带它们去兽医院：

- 急性腹痛、腹泻持续一天以上（尤其是年纪小的动物）、腹胀。
- 难以控制的出血或颈部出血、喀血。

- ◆ 呼吸问题。

- ◆ 烫伤或触电、冻疮。

- ◆ 车祸、骨折、脖子受伤。

- ◆ 虚脱或昏厥、失去意识、癫痫发作、瘫痪或行动不协调。

- ◆ 眼睛肿胀或损伤。

- ◆ 频繁呕吐或干呕。

- ◆ 牙龈苍白、中毒、排尿异常。

出现上述情况，请马上打电话给你的兽医！

269

考虑宠物保险

每个月支付一些保险费，万一宠物真的遇到伤害、死亡、伤残、疾病等情形，也能受到保障。危急之下，若你付不出几万块的手术费，还有保险金能够帮忙。

但宠物保险只适用于非常严重的状况，若你连基本的疫苗、绝育手术及跳蚤治疗都负担不起，那你最好就别考虑养宠物的事情了。

• 维护好你舒适的房子

若想了解每天基本的房屋维护清洁，请见第二章。但有些维护工作你可以做得更好，让生活更加井然有序。

270

清除煤气炉上的食物残渣或油污

煤气炉可以直接清洁，但若是电炉，清洁前必须先把插头拔掉。用洗洁精及热水擦拭炉子底下的油渍，接着再用抹布擦干。

若电炉的底盘已经藏污纳垢，刷也刷不干净，每几年就换新一次，家居用品店都卖替换的底盘。

271 / 清理冰箱

别任由食物在冰箱里腐烂、发臭，每四个月左右至少要做一次冰箱大扫除，不会花你太多时间精力的。

首先，清除冰箱线路上的灰尘，线路通常放置于冰箱后方或底下，若是在底下，则要先拆开前方面板。擦拭塑料电线保护管，或使用扫帚清除灰尘。检查线路是否烧断或变形，若线路出问题，冰箱必须耗费更多能量，才能维持冰箱的温度。

如果把冰箱门关上，在门缝上方放一张纸币，纸币能毫无阻力地通过门缝掉到地上，这就意味着冰箱磁性门垫条的密封性不好，会导致制冷效果变差以及耗电量增加。

最后，清洁内部，以白醋擦拭，避免发霉。放一盒新鲜的小苏打粉，能有效去除冰箱异味。

272 / 别让头发堵住排水口

排水口或水槽很容易被各种头发或是各种食物残渣、油垢堵住，若你发现水槽的水很快就满了，排水的速度越来越慢，就可以使用疏通剂，别等到完全塞住了才处理。

● 最后，照顾好你的身体

此段落很可能会让你觉得兴趣缺缺，又是陈腔滥调，唠唠叨叨地讲着健康多重要，但你已经受够了！你当然清楚健康的重要性，健康高于一切，身体只有一个，拥有强健的身体，你才有办法追求理想。

　　但是，这样的人生未免也太无趣了吧？比起吃一些有益健康的蔬菜水果，吃油炸膨化食品才是人生一大乐趣啊！还不能少了健怡可乐，白开水如此索然无味，怎么喝得下去？还有彻夜的喝酒狂欢，多让人兴奋啊，哪怕这兴奋只能延续到你宿醉醒来的那一刻前，但这不是年轻才能享受的激情吗？……这些心声我都理解，因为我曾经就是那样度过的。我有过烟瘾，我迷恋抽烟的感觉，我抽过成百上千支烟，每次都陶醉其中。但每当我控制不住地去抽烟，我都会对自己产生多一点的厌恶感。因为我知道，不管抽烟的感觉多好，我都是在伤害我自己的身体。

　　你必须照顾好你自己。你必须照顾好你自己。你必须照顾好你自己。重要的事情说三遍。哪怕你现在只有二十多岁，还没觉得自己的作息习惯和生活方式有什么大的问题。但不管你承不承认，暴饮暴食、作息紊乱和抽烟酗酒的后果总是在那里。没有人能逃过大自然的法则。

　　所以，回想一下，你之前的人生里是否有过这样的经验：哪怕只有一小段时间，你吃得健康，睡得好，也做了运动，那时候你的确感到神清气爽、精力充沛，做任何事也都变得顺利，不会因为精神不济而搞砸。所以，健康的生活的确是对你产生好处的。你不需要像一个专业的瑜伽老师那样长期做高难度的修行，只需要每天做一两个对身体健康有益的小选择，你的生活就会渐渐发生改变。

　　我的朋友伊丽莎白是一位外科医生，她告诉过我，善待自己的身体，身体自然会有所回报。我从她那里学到很多，以前的我都是用错误的方式在对待身体。

273
你的身体其实很简单

伊丽莎白说:"你可以把你的身体想象成很简单的三个部分,你的身体有一些入口,也有一些出口,剩下就是包裹着你全身的透气且湿润的皮肤。"保持健康的关键,就是注意那些从入口进入身体的东西,监控那些从出口排出体外的东西,然后保护好你的皮肤。

274
绝不抽烟

伊丽莎白说:"我每次都告诉我的病人,烟的危害跟毒品不相上下。"

她还指出,若无法马上就戒掉,那就先从减量做起,下个月的每日烟量要比这个月少一根。

是否戒烟,只有自己能决定,别人无法给你戒烟的决心与毅力,你自己下定决心,才有办法做到。下一次烟瘾又犯了,你可以对自己信心喊话,告诉自己:"我不需要这支烟!"

275
选择原生态的食物,而不是加工品

我们为什么越来越胖?因为食品生产者投入了无数的金钱和科研精力,为我们提供越来越美味的加工食物。

"对任何吃起来异常美味的食物,都要多加小心。"伊丽莎白说,"如果你吃了七根香蕉,你的大脑会希望你停止,不要再吃了!但如果你吃的是麦当劳,就算吃下了差不多的量,你的身体还会让你继续吃下去。"

伊丽莎白提到,维持身体机能最重要的就是均衡饮食。很早以前,人类就深具均衡饮食观的智慧,蔬菜、水果、肉类及碳水化合物都均衡摄取。

食品生产者在食物里添加的东西越少，你的食物越接近它原本的样子，你就更容易从食物中获得需要的能量，也就不需要吃过量的食物。如此一来，身体自然健康，每天都精神奕奕、生气勃勃，也有助于维持良好的体态。

276

维持标准体重

每个人天生就有不同的身形和骨架，接受自己的模样是成长的第一步，别把心思都花在你的外貌上，人生还有许多更重要的事。若你过分要求自己的体重、苛求所吃的食物，对体重斤斤计较，永远对自己的体性不满意，你就有可能患了厌食症，需进行营养咨询及心理治疗。

但另一方面，肥胖的确也是严重的健康问题。回顾过去几十万年来，能够生存下来的人类，为了应付贫乏、禁食和饥饿等考验，身体就会累积脂肪和储存脂肪。这是自然演化而来的身体机制，帮助人类维持良好的身体机能与运作。但这也代表你必须想办法维持体重，不让脂肪过度累积，规律运动习惯是消耗卡路里的好方法。

伊丽莎白说："假如你去年是63千克，今年上升到65千克，你还是不愿意改变饮食及生活习惯，则往后每年大约都会继续增加两千克多。或许你会认为，以365天来看，两千克其实还好，但仔细思考一下，四年后，体重大约就上升了9千克，十年后则是增加约22千克，多可怕！"

277

如果你控制不住，想吃零食，就找一两款健康的零食取代垃圾食物

不饿就别乱吃零食，压力大的时候也别暴饮暴食，边看电视边大嚼零食容易变胖，这些道理大家都清楚，但知易行难，习惯又已根深蒂

固，非常难改掉，那就吃些卡路里较低又有饱足感的零食吧！

世界之大，必定有几样较为健康的零食，你可以试试覆盆子、橘子、低脂奶酪或毛豆。

278 / 注意饮食的分量

一般人四年不知不觉增加了9千克，应该都会有减重的念头，但减重不代表你必须舍弃所有你喜爱的食物，我的方式是，严格控制饮食的分量。

当你注意饮食的分量，就会知道350克的牛排不是一份牛排的量，而是三份！还有，半袋薯片就占了每日所需卡路里的1/4。

◆ 提供两个小分量饮食的秘诀：第一，慢慢吃；第二，要吃下一样东西前，先休息一阵子。同样的时间，你可以选择愉快地慢慢享受着14片美味薯片，或是毫无感觉地狼吞虎咽140片薯片。

279 / 找到你喜欢的运动

除了吃喝拉撒睡，身体还需要一定的活动量，这也是我们保持体内有强健而美丽的肌肉的作用。

尽量每天都运动，10分钟也好，虽然10分钟有点短，但有总比没有好。不一定要上健身房，你在网上就可看到许多免费的瑜伽影片。你也可以去跳舞，或是骑脚踏车，在家附近慢跑。运动的美妙之处在于，刚开始运动，总会很后悔，干吗让自己这么累，但渐渐地，你会开始想挑战自己，从中获得成就感，也会慢慢找出自己最有兴趣也最享受其中的运动，持续做这项运动。

不须强迫自己要做到什么程度，或是一定要减几千克。蒂娜是我所属健身房的教练，她指出，因为无氧运动是肌肉在缺氧的状态下高速剧烈的运动，如果你只做非常高强度的无氧健身训练，对当下燃烧脂肪的作用并不大。

再次提醒，不见得要花钱寻求专家的建议与协助，现在网络上也有非常多的资源，也有计算卡路里、帮你戒烟的手机应用程序。

280
每天补充适量的维生素及益生菌

若你每天都吃足够的蛋白质、水果及各色蔬菜，当然不需要额外补充维生素。但你每天都有如此均衡的饮食吗？

伊丽莎白说，市面上有各种品牌的维生素，最好是挑选通过检验的制造商，质量较有保证。她自己吃Omega-3脂肪酸胶囊、每日益生菌以及孕妇维生素。

◆ Omega-3脂肪酸。她说："服用Omega-3脂肪酸补充剂，而不是Omega-6。研究指出，补充Omega-3脂肪酸可以降低体内甘油三酯的浓度，我也会吃比萨和啤酒等高热量高油脂食物，至少借由Omega-3降低血液中甘油三酯的浓度，会觉得比较安心。"

◆ 益生菌。体内同时存在着好菌与坏菌，好菌必须足以抵抗坏菌的入侵。她说："肠道内的免疫系统占人体全部免疫系统的60%~70%，每当我服用一颗补充剂，就有约300亿的益生菌帮助我促进肠道菌种平衡。"

◆ 孕妇维生素。伊丽莎白说："女生若已经到了生育年龄，即使你还没有准备怀孕，还是建议补充孕妇维生素。"

纵使你没有打算生小孩，孕妇维生素对你的健康也非常有帮助，让你的头发与指甲更加出众。

281 / 如果你在服药，千万要认真阅读你的处方

阅读药物处方笺上的信息，是为了确保不会与你其他的处方或饮食习惯有所冲突，譬如抗生素有可能造成避孕药失效，而有些药和酒精相斥，服药期间，一杯酒都不能碰。

错误的用药方式，往往严重危害人体健康，所以请按照处方服药。若你有任何疑虑，先打电话询问医生。此外，最好先询问药剂师，充分了解处方药物的副作用，毕竟那是你要承受的风险。

若处方中有抗生素，请切记一定要全部用完，不能因为感觉好多了，就自行停药。随便停药的结果，可能让细菌产生抗药性，之后使用的抗生素剂量就需要更高。

请注意：在随身携带的钱包里放一张清单，注明你目前服用的药物及剂量。就医时务必让医生知晓你的状况，才能做出最正确的诊断与决定，这是在保护自己的生命安全。

282 / 别在假日睡懒觉，扰乱了生理时钟

伊丽莎白说："有些人一到假日就喜欢晚睡，从凌晨四点睡到隔天下午两点，但别忘了，若你是朝九晚五的上班族，星期一又得早起赶上班，上班精神萎靡，调时差调得好辛苦。试着改掉假日补觉或晚睡的坏习惯吧！"

283 / 常洗手，别摸脸

"细菌、病毒无所不在，常洗手能避免遭受病毒感染，也要改掉常常不自觉摸脸的习惯。"伊丽莎白说，因为手经常接触各种东西，带有

许多细菌和脏东西，常摸脸可能堵塞毛孔。

洗手也是有学问的，不是随便搓两下就好，至少搓洗30秒，才会把有害细菌洗掉。

除此之外，也要避免触摸很多人摸过的物品，尽量以最少的触摸面积拉门把手，若你的免疫力非常好，就比较不用担心这些。但体弱多病的人勤洗手为上策！

284 保持水分充足，尤其是在飞机上

飞机是封闭的公共场所，每天都有不同人来来去去，留下无数的细菌，我几乎每次搭完飞机都会生病。我叔叔汤姆建议我使用生理食盐水鼻喷剂，效果出奇地好。

伊丽莎白说："机舱内人体体内的黏膜容易变得干燥、易受损，细菌特别喜欢趁这个时候大举入侵，鼻喷剂则能保持飞行时鼻子处于湿润状态。"

小提醒：若持续擤出脓鼻涕、鼻涕倒流、鼻塞，可能要注意一下是否为鼻窦感染。

285 擦防晒霜（或待在阴凉处）

你想拥有古铜色的肌肤，还是到了五十岁依然年轻亮丽的皮肤，只能从中选一。有些人没得选择，他们天生带有红头发的基因，不能在太阳底下遭受直射超过10分钟，因为这样较容易得皮肤癌。但你就算没有这样的基因，防晒也是非常必要的一件事。

有人讨厌涂防晒霜，因为它们抹在身上黏腻，不舒服又堵塞毛孔，但如同前面所说，你都找得到健康的零食，以及适合自己的运动。世界

之大，没有什么找不到，必定找得到一罐适合你的防晒霜。记得每天都要涂防晒霜，即使是阴天也一样，别以为阴天没有阳光就没有紫外线。

286/
丢掉任何会伤害身体的物品

这种物品每个人都能想到几样，但我第一个想到的是廉价高跟鞋。不管这双鞋有多漂亮，每次穿这双都会脚痛，就别再穿了。脚痛会让你一整天心情都很差，所有坏事也接踵而至。让自己处在最自然舒服的状态，别放任不好的事物影响自己的生活。

"

一点小讨论

（1）为什么健康的食物索然无味？为什么舒服的鞋子大都缺乏时尚感？这代表什么？

（2）过去一个月来，什么是你乏味却必要的花费？

（3）什么是这个世界上最需要精心维护的东西？你觉得是大型强子对撞机吗？我是这么认为啦。

别把朋友当成
免费的心灵疗愈师

● 交一个比你大很多的朋友

● 请对朋友说实话

● 别隐忍到爆发的那一天

早在幼儿园的时候，我们就唱过不少歌颂友谊的儿歌，但对成年人来说，交朋友并没有小时候那么简单。

首先，我们要明白，朋友没有责任陪在你身边，也没有义务为你付出情感，你们的生命并不一定要绑在一起。他们之所以这么做，是因为他们选择了你。所以，请好好珍惜身边的朋友，努力让自己成为值得依赖的人。朋友愿意向你倾吐心事，相对地，你也愿意与对方吐露真情。一开始，你们是毫无关系的两个人，一旦成为朋友，即便是在大半夜，对方有需要你照顾、帮助的事，你也会两肋插刀。

还在学校的时候，朋友就如天气般，晴时多云，偶有阵雨，时好时坏，但他们总在那里，不会离开。但等到你离开学校，进入社会，开始自己单独租屋，你会开始发现越来越难交到新的朋友，就算交到了，你们的友谊也不再那么容易维持。我的朋友南希就说，每天晚上去酒吧找一个男人发生关系很容易（尽管她的确可以做到，但她并没有真的这么做），但要交到一个知心的朋友无比困难。若只是要找一个酒肉朋友，那其实到处都找得到，但要成为能共患难的朋友，需要共同经历一些困难与磨炼，友情才会越发坚固。这个过程是种考验，很多人撑不过，所以一旦真的遇到了知心朋友，就感觉非常美妙。

我相信，许多人刚离开学校时会不太适应，因为不再有一群朋友一天到晚腻在一起，难免会感到些许孤独。没错，职场上也可以交到朋友，但人们很难和自己的工作伙伴成为无话不说的朋友。不是不可能，但比起在学校的时候，友谊的进展要慢得多——那时候你早上可能刚认识一起参加夏令营的小伙伴，到了晚上你们就已经成为最好的朋友了。不过，你一定有办法熬过刚开始的过渡期，与孤独感和平共处，最后，你也会慢慢交到好朋友。

287
清楚自己想要怎么样的友谊

有些人好像有无限的时间、精力和热情，到处广交朋友，面面俱到，与朋友的关系都很紧密；有些人只需要一两个知心好友，其他朋友就当一起玩乐的同伴，能在星期五晚上一起出去跳舞狂欢就好；有些人则喜欢有个感情紧密的小团体。

在这个社会上，我们说某个人是社交高手，通常代表他非常擅于交友，朋友不计其数，不可能独自出席各种场合，发几条信息就能号召二十几个人来酒吧。这是个人选择，他们也享受其中。但有些人生性内向，容易感到害羞、不自在，那也没关系，只要身边有几位真正的知己就够了。

288
找到一群厉害、有趣又特别的朋友

人气博主莎拉·冯·巴根是我的一位好朋友，能跟她做朋友真的很棒，她对事情有独到的见解，常让我受益良多。

莎拉说，你想成为什么样的人就交什么样的朋友，与优秀的人相处，长期耳濡目染、潜移默化之下，你也会成为一名优秀的人。

她毕业之后去到了别的城市，她说："很难形容当时的感觉，我非常兴奋，面对全新的社交圈，我想要去参加各种庭院派对与烤肉派对，我想认识许多非常优秀聪慧又幽默风趣的人。"

那她是怎么踏出这一步的呢？

289
你希望认识的朋友们应该有常聚集的地方，主动到那里邀约

交朋友其实有点像是跟心仪对象约会。

莎拉说:"让自己置身于一群志同道合的人之中,与他们聊天。"比如莎拉喜欢攀岩,她去了当地的攀岩运动馆,参加了女生攀岩之夜的活动,然后在活动上结识了新的朋友。"我会找一个之前的朋友一起去,在等待攀岩的时间会分别与其他女孩聊天,若聊得来,就会问她们等一下要不要一起吃饭。"

我了解,不是所有人都像莎拉那样如此外向活泼,要某些人主动邀约陌生人吃饭,简直要了他们的命!即使不好意思直接讲,也尽量主动释放出善意,表现出重视对方的态度。感受到别人主动释放出的善意,大家通常都会欣然接受邀约。若他们对你友善的态度毫不理睬,那也不强求,你不必多浪费时间在他们身上。

290
如果你喜欢他们,记得告诉他们

莎拉建议:"我遇到想认识的人,就会毫不犹豫地直说:'我想跟你做朋友!'目前没有失败过,大家都回应说:'好呀!'很多人可能会觉得这样好尴尬,怎么说得出口,但我就是喜欢直来直往、直话直说,我还会接着说:'你这么厉害,我想跟你做朋友,我们去吃个饭吧!'"

莎拉在派对上遇到想认识的人,也会借由社交网络找到这个人,然后私信问他:"今天很高兴遇到你,听说你也喜欢看奇特古怪类型的电影,我最近要跟朋友一起去看《艳舞女郎》,要一起来吗?"

291
通过原有的朋友认识新朋友

物以类聚,人以群分。优秀又幽默风趣的人,他们的朋友很有可能也都如此。一大群人出游,常会遇到朋友的朋友也是非常特别的人,你如果也想跟他们做朋友,主动上前攀谈吧!这绝对是建立友谊的第一步。

"主动单独约对方出去，也是很重要的一步。"莎拉说，"要让你们的友谊从同在一个圈子的关系再上升一步，在聚会上攀谈当然很好，但我也希望彼此能成为真正的朋友。"

292
如果你和你的朋友都想要拓展朋友圈，可以试试有趣的方式

莎拉说，每隔几个月，他们朋友圈的其中一人就会举办一场晚宴，基本会邀请五个老朋友参与，但每个人都要带几位新朋友一起参加，这些新朋友可能是刚搬来附近的邻居或最近刚分手、非常需要朋友陪伴的人。所以，这就到了下一步——

293
善待新朋友

当一个人到了新环境中，非常容易紧张不安或不自在，因为所有的情绪都在左右着他，紧张、焦虑、孤单……让人几乎食不下咽。如果这时候有人释放出一点点善意，就足以拯救他们，让他们备感温暖。

对待新朋友，你不需要做得特别完美，只要停下来向他们打个招呼，介绍一下你自己，就已经足够了。若是办公室新来的同事，邀请他们一起吃午餐。若是大楼里新搬来的邻居，跟他们打个招呼，让对方知道你很乐意回答他们的疑问。譬如说，附近哪家比萨最好吃，或是哪一户邻居不太好惹，等等。你也可以用有些老派却彬彬有礼的方式，带些小点心去拜访新邻居。

若你经历过百般刁难、极不友善的新环境，你一定会了解那种情况有多无助。每个人都有可能会进入一个新环境，也都希望能遇到贴心的人，愿意伸出友谊的手，让你早日熟悉环境。努力成为那样贴心的人吧！

交一个比你年长许多的朋友

小时候的朋友年龄通常比较接近，长大后的朋友年龄层越来越广。即使对方的年纪可以当你妈妈了，你们还是可以做朋友，因为你已经够成熟了，友谊无关乎年纪。一点老生常谈的道理：比我们年长的人通常比我们更聪明，有更多思考的沉淀和更丰富的人生阅历。毕竟，当我们还是叛逆的青少年的时候，他们就已经在人生的探索道路上走得很远了。

写这本书的灵感，就是来自我的三个朋友，他们是我二十一岁刚踏入社会当记者时一起跑新闻的朋友。南希、亨丽埃塔和瑞秋比我大五到九岁，她们都聪明绝顶。她们会温柔地提醒我别把派对风格的浮夸礼服穿来公司，教我人与人之相处的种种道理，甚至教我如何煎鸡胸肉！

她们认为很基本的道理，当时的我却不懂，也不会，并不是因为我太笨、理解力太差，也不是我还没准备好面对社会，只是经验的累积还不够。二十七岁知道的事情，也是她们进入社会之后，累积了五年才慢慢学习到的，二十二岁小毛头需要学习的东西还多着呢！大家都了解，职场老鸟比新人更熟悉工作上的事务，但很少人会去注意刚进入社会的年轻人是否已经学会了生活自理的小细节。

所以，若能找到一位亦师亦友的年长朋友，有耐心教你许多生活上需要注意的事，或为人处事的道理，他都能让你未来少走一些冤枉路。你也应期许未来自己能成为这样的长辈，把自己的经验告诉懵懵懂懂的年轻人。

若你想念一个许久不见的朋友，花 30 秒的时间去联络他，而不是自己胡思乱想

主动联络不会让你有任何损失，发一条信息说："嘿，我想你了，

我们太久没联络了吧，什么时候聚聚吧？"

"你内心可能会感到不平衡，为什么都是我主动联系他们？我朋友为什么都不这么做？"莎拉说，他们可能只是因为最近太忙了，或是大大咧咧而没有注意到这些事。但若你主动询问了，他们必定会热烈响应。有时候，即使你主动问候，对方还是毫无音讯，两三次了都没有任何回应，那也不值得你花心思在他身上了。

296 / 维持远距离友谊

距离是友谊的一大考验，人一直在往前，生活圈不断改变，原本很好的朋友脱离了你的生活圈，或是因为离职，和原公司的同事朋友渐渐少了联络。但若你们的生活圈不同了，或身处不同城市，依然能保持友好关系，就代表你们的友情禁得起考验，应该要好好珍惜。

远距离的友情犹如仙人掌，不需要特别的照顾或过度的浇水，但也不能完全放任不管。朋友生日时，打电话给予祝福，能送张卡片更好。或是成为笔友，偶尔花十分钟写一封信，加上几块钱的邮票，彼此靠有温度的文字维系友谊，感情会愈加深厚。别超过三个月没通电话，现在的通信软件很方便，偶尔联系一下不是问题，能见面的话更好！

297 / 成为疯狂又有趣的活动的召集人

朋友群之中，通常会需要一个角色负责做些疯狂又有趣的事，并邀请大家一同参与。即使你平常并不会做这种事，偶尔也要试试看，跨出这一步。

若没人来参加，也别灰心，他们不是不喜欢你或不想见到你，可能只是因为最近比较忙罢了。

298

有话就直说，别指望朋友能读懂你的心

真的对你意义重大的事，就把话说在前头。若你内心比较脆弱，会因为朋友都没来参加你举办的活动而感到受伤，那就直说："我知道大家都很忙，但这件事对我意义重大，希望你们都能空出时间来参加。"

偶尔这样直说无伤大雅，别常常说就好了。否则，朋友或许真的很忙，这样会让他们很为难。当然，这也是互相的，你也要出席朋友举办的活动，才有资格要求别人。

299

别把朋友的付出当成理所当然的

若朋友精心策划你的生日派对，那么对方过生日时，你也要用心准备。若朋友总是会在你难过时，抛下手边的事来陪伴你，听你倾诉，你也要愿意为他们做同样的事。

莎拉说："观察你很重视的朋友，他们是如何待你的，为这段友情付出了多少心思，他们内心可能也默默期待着获得同等的回报。"

举例来说，莎拉之前注意到，她参加5公里跑的活动时，并不在意朋友是否来看她，为她欢呼，但她的朋友认为这很重要。每个人所重视的事情都不太一样，你不太在意的事，不代表你的朋友也不看重。

300

不吝于称赞朋友的好

莎拉说："妲西是我遇过最能干的人，我就常跟她说：'你真的是我遇过的最精明能干的人，事情都处理得周到。'我爱我的朋友，所以希望她知道。"

每年都找个时间，写封信给身边的知交，让他们知道你们的友情对你意义重大，你有多感谢他们出现在你生命中。每个人内心都喜欢被肯定，也着迷于被爱的幸福感，所以，没必要把感谢与赞美憋在心中。

301 别把朋友的秘密说出去

将朋友的秘密四处张扬，是最没有道德的行为，也毁了朋友之间彼此信任的基础。无论你多么不会保密，也要想尽办法保守秘密。

很多人会认为，把朋友的秘密与伴侣或配偶分享不是什么问题，但其实当事人可能并不想让你的伴侣知道。所以，朋友跟你说了一个秘密，你可以先问他："这件事我可以跟我男朋友说吗？"若对方不愿意，那就尊重他的意见。向某人吐露某件事的时候，若你不想让他们的男女朋友知道这件事，也可以先告知，这是在保护自己。

302 别与其他人八卦你的挚友

我有一群朋友，大约五个人，从十二岁就认识到现在，感情非常好。我不会把秘密只告诉其中一人，要讲就跟他们全部人说，才不会到最后传来传去，变成以讹传讹就不好了。我们就像家人一样，就算谈论彼此的事，也是以真心想去了解并帮助对方的心情，而不只是在聊八卦。

就因为知道了太多彼此的秘密，若外人谈起我这群朋友中的任何一人，我都不愿多谈，才不会不小心说漏嘴，这是对朋友忠诚的表现。我应该会说："艾米是我的闺密，我还是不要随便谈她的事好了。"忠诚是非常可贵的人格特质，能够做到的人会受到尊重。

303
如果你们的感情时浓时淡，不要抓狂，长久的友谊往往如此

若你们从十二岁就成为朋友，到现在感情依然非常紧密，那真的很难得，世界上这种深刻长久的友情并不多。

通常随着升学、生活圈改变，你们之间越来越没有共同点，话题也随之减少。尤其是生活经历的差异越大，越难维持友谊。譬如说，你已经在带小孩，每天被小孩搞得天翻地覆、头昏脑涨，但朋友刚新婚，沉醉在幸福美好的氛围中。别因为这样，就让珍贵的友谊慢慢淡去。

友谊的可贵之处就在于，老朋友不需要时时刻刻腻在一起，或在同一时间做同样的事，你从十二岁、二十岁到二十五岁，各有不同的经历，久久一次相聚聊天，分享各自的生活，更有乐趣。即使你们半年没见面了，感情不如以往紧密，也别自己胡思乱想，更不需要感到懊恼。几年后，你们可能又恢复以往的亲密。

大家都听过"人有悲欢离合，月有阴晴圆缺"，友谊也是如此道理。

304
以爱情中会出现的疑问，检视友谊

大部分的人面对友情和爱情的态度不太一样，友谊比较偏向直觉的感受，不会时时反思，但有时候在爱情中应该经常自问的问题，也适用于友情。

莎拉举了些例子："人谈恋爱，会积极主动地相互沟通，评估这段关系是否为自己想要的样子，我们自问：'我能从这段关系中获得什么吗？能有所成长吗？'但我们通常不会这样仔细审视友谊。"

她提出我们也可以尝试用这些问题来检视友谊：我们的友谊已经渐渐消逝了吗？这个朋友是不是会让你的生活越来越糟？我们都能从这段关系中满足彼此的需求吗？

她说："如果我每次跟他们出去，要么总是不开心，要么就像他们免费的人生教练，只顾着开导他们，那有什么意义？"

别把朋友当成免费的心理咨询师

人与人之间的关系是互相的，友情要在付出与接受之间取得平衡，若总是只接受朋友的帮助，而没有付出，朋友必定会一个个离你而去。

朋友之间聊天的话题往往很广，你们会开开彼此的玩笑、讨论共同兴趣，也会聊聊尺度较大的八卦或是生活上的重大事件。你可以聊聊最近让你心烦的事，但若每次的话题都只围绕着你的烦恼，听你滔滔不绝讲着自己的难处，把朋友当情绪垃圾桶倾诉，朋友也会感到厌烦。

有时候，其中一人可能遭遇了极大变故，的确需要另一方的支持与鼓励。但别把朋友当成精神科医师，他们没有义务帮你心理咨询。若你真的遇到了解决不了的难题，情绪陷入低潮，走不出来，这时候最好是寻求专业的协助（请见第407步）。

若你的朋友不断地寻求你的意见，但这些问题早已超出你的能力范围，不妨好声好气地跟对方说："我了解你家里的问题让你很痛苦，我也很希望能帮你一起解决，但问题真的太严重，我可能也没办法处理，你要不要考虑找专业人士帮忙？"

朋友陷入沮丧和落寞时，成为他们的支柱

人总会经历艰难的时刻，人生也总有暂时过不去的关，让人陷入沮丧和落寞。朋友在这种时刻，一定无法像以前一样与你谈笑风生，别认为他们的沉默和悲伤是拒你于门外，也别觉得自己热脸贴冷屁股，做朋友该做的事就好，给他们更多的爱与包容，别想太多。

307

朋友不一定会对你的每件事都显得兴致勃勃

你有好多事急于跟朋友分享,譬如说,你开始与某人约会了!因为你的朋友在乎你,希望你得到幸福,他们会祝福你,也会想多了解你的约会对象是怎么样的人。

但绝大多数时候,很多事你感兴趣的程度是十分,而你的朋友可能只有四分,尤其是你每次都想把各种话题转到你有兴趣的事物上,更是让人兴趣缺缺。譬如说,你聊什么话题都能把男朋友扯进来,朋友说到升职,你就迫不及待讲起男朋友升职的过程。自己滔滔不绝的时候,也别忘了注意别人的反应,看看他们对这件事是否有热情。大家开始有点显得意兴阑珊时,就代表你该转移话题了,别执着于同一件事。

朋友身处以下这些情况,就不适合与他们分享最近让你非常开心兴奋的事:

◆ 他们已经接收了过多朋友的事情,想静一静。

◆ 他们最近刚分手或离婚,心情低落。

◆ 朋友希望你多注意他们,而不总是专注于自己。

308

别与朋友的前任男女朋友约会

跟朋友的前男女朋友约会,不论做什么,就是怪!

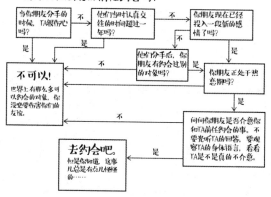

我可以和朋友的前任约会吗？

当你朋友分手的时候，TA很伤心吗？ —— 否 → 他们当时认真交往的时间超过一年吗？ —— 否 → 你朋友现在已经投入一段新的感情了吗？

不可以！
世界上有那么多可以约会的对象，你没必要伤害你的朋友。

他们分手后，你朋友有约会过别的对象吗？ —— 否

你朋友正处于热恋期吗？

问问你朋友是否介意你和TA前任约会的事。不要光听TA的回答，要观察TA的身体语言，看看TA是不是真的不介意。

去约会吧。
但是你知道，这事儿总是有点儿怪怪的……

面对重要的事，请对朋友讲实话

有些事情会导致严重的后果，身为朋友若没有事先提醒，就不算有义气的朋友。你可以跟朋友站在同一阵线，但还是要适时提醒，若对方执迷不悟，再自行承担后果。例如朋友最近的约会对象品行极差又对她不好，若她问你的意见，就诚实告诉她你的看法。若你认为朋友有酗酒的问题，也请直接告诉他们！别担心实话会伤了你们的感情，你帮他们打开了潘多拉的盒子，他们才有机会看清事实。

这个世界总是教我们讲话要委婉，才不会太伤人，所以我们不习惯讲实话。而讲出残酷的事实或许不只是伤到对方，你自己也心如刀割，这需要很大的勇气以及无尽的爱。为了你的朋友好，讲实话吧！

若事情无关紧要，可选择讲实话，也可以迂回带过。有些人问问题，他们内心往往已有答案，只是还没有十足的把握，想再进一步寻求朋友的肯定，让自己安心。他们可能会问，你觉得这件裙子让我看起来很胖吗？你见过一次我现在的约会对象，你觉得他人好吗？

第一个问题，对方其实只是想听到你说她看起来不胖。第二个问题，除非你真的确定朋友的约会对象不是个好人，要不然就说："他给

人感觉还不错呀！"若你想说些善意的谎言，说得简短而有说服力，说得越多，会显得虚假，破绽重重。

310
如果朋友正在沉沦，点醒他们

朋友做了某个错误的决定，你一定无法眼睁睁看着他们沉沦，也不能强迫他们应该要怎么做，毕竟你没有这个权利。但若对方询问你的意见，就诚实地回答，讲出你的担忧。

虽然忠言总是逆耳，往往不易被人接受，不过看着朋友被错误的决定一步一步逼向深不见底的悬崖边，你怎么忍心不告诉他们，不拉他们一把？尤其是这些情况：朋友要为爱走天涯，但你看得出来对方并没有那么在乎她；朋友坚持要嫁给一个有暴力倾向的人；朋友因为常常宿醉，差点丢了工作。

一个人的想法可能无法一夜之间就改变，诚实地说出你的建议，可能造成友情破裂，更令人心痛的是，朋友还是执迷不悟，不愿回头。但时间会证明一切，可能要几个月，甚至是几年之后，他们会发现你当初说的话是正确的，才终于懂得你的用心良苦。也有可能当初错看了，他们现在安然无恙，而真正坚固的友情不会受善意的谏言影响。

311
必要时，毫不留恋地结束友谊

你没有责任一定要当某人的朋友，别人也没这个义务，有时候，友谊终要走到尽头。如果跟这群朋友相处会让你感到不悦，他们常放你鸽子，你们的关系亦敌亦友，没必要不断地容忍，尽早结束这段友谊，无须愧疚。

酒肉朋友常常打电话约你去玩乐喝酒，你可以设一个时限，跟对方说："我只能去一个小时，七点半还有别的事要处理。"或是直接停止你们的社交互动，避开他们。有时候对方可能还不死心，不断打电话骚扰你，你必须表现出坚决结束友谊的态度。他们可能想得到合理的解释，想知道你为什么要疏远他们。

若你只敷衍地说"我不喜欢跟你当朋友"，这种毫无建设性的理由，只会伤了对方的心，无法帮助他们改进。理由尽量明确又不伤人，最好还能让对方知道未来要如何改善，朋友才不会一个个离他而去。你可以委婉地说："莉萨，我们总是花好多时间在吵架、无止境的争论和冲突上，我觉得我们可能不适合当朋友。"或是告诉对方："你总是想法悲观、情绪低落，让我也受影响，这样太痛苦了。"

312
分清楚是哪种"亦敌亦友"的关系

是表面跟你很好，却背地里讲你坏话的那种？还是为了满足自己的虚荣心，才与你往来的朋友？抑或是从小到大的朋友，但他慢慢开始成为你生活里的负能量来源？这些亦敌亦友的朋友会让你时而开心，时而痛苦，甚至是无来由地失望或恐惧。清楚了解这种关系与感受，你才有办法稳定自己的情绪，不被这些人牵着鼻子走。

● **七种亦敌亦友关系：**

◆ 爽约者：她们经常答应得好好的，却临时玩消失。

◆ 放电型：这种女生会对你男朋友调情，还希望你乐于接受！她认为自己又没做什么，也没有要抢你男朋友，还觉得你不该为这种小事生气！

◆ 自夸者：此类型的女生最爱求安慰，故意抱怨自己哪里不够好，其实是希望别人安慰或赞美她，最明显的例子：她明明瘦得要命，还硬要说自己胖。

◆ 抱怨者：这种人看什么事都不顺眼，不断说自己多么不幸与悲惨。绝不要带他们去欢乐的派对、看电影或与你的新男女朋友见面，他们会把美好的气氛搞砸。

◆ 投机派：她们喜欢在背后说坏话、暗箭伤人。这种朋友表面上看起来真是非常非常喜欢你，但一旦有她更想要的人出现，她就会立刻弃你而去——对这样的朋友，还是早点说再见吧！

◆ 戏精：表里不一、暗地破坏。这种朋友特别好斗、爱计较，表面上称赞这件衣服好漂亮、好适合你，其实内心偷偷嘲笑着呢！

◆ 帮倒忙派：此类型的朋友总是出馊主意，虽然他们真心在乎你，很想帮你想办法，但他们的意见对你毫无帮助，也很不可靠。

313
衡量交朋友的代价是否太高

每个人身上有优点，也有缺点，人无完人。正如美国专栏作家丹·萨维奇所说的"接受的代价"，意思是，感情若想要长久，多少需要一些将就，不仅要忍受对方身上的种种缺点，还要去接受它们，假装它们不存在。

重点是，这个代价是否会太高。这个人一方面极为愚蠢，常扯你后腿，另一方面，某些时候他又有非常良好的性格，或许很难衡量其中的代价。

314

别在社交网络上公开争吵

派对上若有人不愉快，摆着臭脸，到处抱怨，在场其他人的心情是不是也会受影响？同样地，社交网络上若有人互相叫骂，可能会牵连许多原本与之无关的人。

315

学会道歉

你认为有人会喜欢道歉吗？没有人。当然，世界上肯定也存在着一些不喜欢冲突的人，他们愿意通过表达歉意来维持和平。但我们大部分的人都不太会主动跟人道歉，这就是事实。

我们必须承认，很多情况下，某些问题确实是我们的错。人不可能不犯错！犯错没关系，但若因为你的错误而伤到他人，就必须承认错误，向对方道歉，确保未来不会重蹈覆辙。

道歉的重点：

◆ 了解你到底做错了什么。若你不知道自己做错了什么，毫无悔意，怎么有办法真心诚意地道歉？先想想，你做了什么。如果重来一次，你应该要怎么做。理清这些问题，才能作为道歉的根基。

◆ 尽量谦卑一些，可以解释事情原委，但别再找借口。

◆ 真诚表达你的悔意。

提供一个范例：

"艾米，因为……（我所做错的事），我感到非常抱歉。真搞不懂我当时到底在想什么，可能是……（若有非常能够辩明无罪的证据，才在这里提出，但绝不能只是无理的借口）。若能重来一次，我会……（讲个对彼此都好的方案）真的非常抱歉，希望能得到你的谅解。"

316

乐意接受别人的道歉

对方应该是知道自己错了，经过自我反省，才跟你真心道歉，不必再为难他们。

即使你的气还没消，想想两个月后的你会原谅对方吗，若你两个月后能打从心底谅解对方，那就先跟对方说："我原谅你！"

317

若对方一错再错，就不需要欣然接受

还记得你在道歉信中说过下一次会如何做得更好，所有人都不应该一再犯同样的错。有些事是受人性的驱使，无法改变，若某人一再犯同样的错误，一再道歉，你无法离开他的话，也只能接受他就是这样的人。

318

若你真的无法接受道歉，心平气和地让对方知道

有些事一旦发生，就是无法原谅的，这里不一一列举了，但我猜想，应该至少有60%的事情都是关于伴侣的，要不是为异性争风吃醋，要不就是感情出轨。

现在，如果你觉得自己最终还是会原谅对方，但你希望对方能尝尝苦果，多懊悔、反省一下，那就缓一缓吧，不需要马上让对方知道你早已原谅。如果你决定不原谅对方，完全没有转圜的余地，你可以这样说："我知道你有心道歉，你也勇敢表达了你的歉意，但我还是无法原谅你，也请你尊重我的决定。如果未来有一天我能够放下这件事了，我会让你知道的。"

319

对待你不喜欢的人，掩藏住心中的厌恶情绪

稍微隐藏自己对仇敌的厌恶情绪，但也不必假装非常友好。如何拿捏？尽可能地展现友好，让对方丝毫察觉不到你掩藏在心中的敌意或不屑。

● 邻居和室友

与邻居或室友变成朋友真的很棒，你们不仅可以一起小酌谈天，偶尔还能帮彼此照顾宠物，或是帮忙保管钥匙（请见第30步）。

因为你们必须长时间相处，生活空间如此密不可分，特别容易产生摩擦与不满。能与室友和平相处当然最好，谁都不希望与每天同住一个屋檐下的人互相看不顺眼。

320

主动向新邻居自我介绍

不一定要热情地向新邻居提供附近的消息、送礼品和土特产（请见第293步）。只要打个招呼，说："您好，我是谁谁谁，你才刚搬来吗？我住在这里几年了，这个小区很不错。若你有任何问题，都可以问我！"若对方不是什么行为怪异的人，可以给他们电话号码。这样做还有一个好处，假如你在家音乐放太大声了，他会先打给你，而不是直接打给房东抱怨。

321

处理邻居干扰的标准流程

首先，有邻居干扰你的生活，别马上跟房东打小报告，这样太没有

度量了。先登门拜访，平心静气地告诉对方他们的什么行为已经打扰到你，希望他们能够帮你解决这个困扰。

你可以试着这样说："您好，不好意思打扰了，我是凯莉，住在楼上，只是觉得你的音乐放得有点大声，不知道能否请你转小声一点，因为我必须早起上班。"

只要你和颜悦色地表达你的感受，邻居通常也愿意接受，他们会感到抱歉，笑着对你说："当然没问题。"之后应该也会有所改善。

但如果对方依然如故，还是开很大声，你就写张字条再提醒一次。字条是最不会引发正面冲突的沟通方式，但对方不一定会回复字条，也可能没有认真看待。

亲爱的某某：

之前提过音乐太大声的问题还是存在，隔音可能不太好，希望你能多体谅，我真的必须早起工作，可以麻烦你把音乐调小声吗？特别是晚上。

某某（你的名字）敬上

最后，如果已经提醒了两次，问题还是没有改善，就要请房东介入处理了。而且你应该不是这栋楼的唯一受害人，虽然说越多人介入越麻烦，但真的忍无可忍的时候，思考看看是不是可以请大家一起想办法。

322 做个安静的好邻居

既然你很讨厌邻居制造噪声，有点同理心，你也不要扰乱邻居们的安宁，特别是晚上大家都需要休息的时间。

323

若对室友有任何不满，平心静气地说出来，别隐忍到爆发的那一天

因为生活习惯不同，与室友一定会有分歧，那也没关系，好好讨论，共同找到和平的解决方案。但是，绝不要花好几个月隐忍，心中逐渐累积怨怼和不满，最后怒气爆发会很难收拾。

事情发生第三次的时候，你就可以以冷静而非质问的态度，告诉你的室友，他做了这件事会打扰到你，希望能想办法解决。例如："碗盘总是堆在那里也不好，我们就尽量都顺手洗干净吧。"

324

别用留字条的方式告知室友

字条只适合用在陌生的邻居身上，对室友直接面对面说就好。

325

如果事情变得难以忍受，选择搬离

搬家非常麻烦（请见第48至58步），但有时候确实迫不得已。若事态已经严重到你不想回家面对室友，就该考虑是否搬家，不需要硬撑。

326

你想要哪种朋友，就成为那样的人

最后，你想要朋友怎样对待你，就努力以这样的方式去对待你的朋友：成为朋友的心理支柱；朋友去旅行时，去他家帮忙照顾一下宠物；朋友生日，记得打电话祝福，能烤个蛋糕送他们更好；保守朋友的秘密，彼此真心相待。

一点小讨论

（1）与刚认识的新朋友去看电影，看到恐怖画面的时候，可以边尖叫边紧抓着他们吗？（最好不要，除非他们超酷，一点也不在意这些小事，对这种朋友要好好把握。）

（2）你认为哪种朋友特质比较重要，是诚实相待，还是会把鞋子借你穿甚至送你？

（3）朋友会在你生日时做可爱的独角兽蛋糕送你，真的是一件很幸福的事，你同意吗？我就非常幸运地拥有这样的朋友！我爱你，露丝！

享受爱情的第一步
是不怕失恋

- 朋友不一定能成为恋人
- 别脑补对方在想什么
- 分手不需要找理由

噢，爱情。它总是很棒，除了那些糟糕的时刻。那么，就让我们来研究一下，如何让那些很棒的时刻变得更美好，而让那些糟糕的时刻尽可能少出现吧。

• 你心目中的爱情

爱是什么？它的定义如此复杂而丰富，有时候看上去混乱，但我们总是有一些方法能将它理出头绪。毕竟，爱情也是人性的一种。

327
人一生至少会失恋一次，无可避免

一开始就谈如此沉重的话题，是因为在爱情这条路上，很少人能一开始就找到真爱，或是毫无挫折地经历一切，每个人都是慢慢摸索，从中学习。

心痛的感觉不好受，但这是必经的过程，越快认清事实，越能早点走出伤痛。若你一直无法从心碎悲伤中走出来，搞不好你就会错过未来遇到真爱的机会。

毕竟地球依然自转，没有因为你的失恋而毁灭。这个过程只是让你成长，成为一个更成熟勇敢的人。可能无法马上忘却，但也别频频回头，让自己冷静一下。

美国有一个死亡认知协会（Mortality Awareness Association），致力于让大家了解人终有一死。这估计是最不受欢迎的一个协会吧。毕竟人都很忌讳这种话题，也很恐惧死亡。想象下，他们的电话内容可能就是这样开始的："您好，我们是死亡认知协会，耽误您一些时间，能跟您讨论一下死亡的威胁吗？您知道，有一天人都会死，可能不会有人记得您曾经存在过？"尽管到目前为止，这一章的叙述有点像死亡认知协会的调调，但请相信我，接下来的部分会变得更加积极。我保证。

328
别刻意让人心碎，同时也好好保护自己的心

即使你不爱他们，也别随意伤害爱你的人，你的良心可是会不安

的。很多时候，分手是让伤害降到最低的一种方式，不爱了就别拖着彼此，让两个人都痛苦。还有些时候，你得有尊严地离开不适合你的人。舍不得离开，而宁愿将就着一个不值得的人，只会让自己的心受伤。

别人无法替你决定该怎么做，你只能听你心里的声音，你的心会告诉你答案。

329 / **就算会受伤，爱情还是值得一试的**

你肯定对爱情有自己的认知，不需要我多说。

就算在上一段感情里伤得体无完肤、心如刀割，我们还是愿意去期待下一段爱情。

所以，回到我们的指南上来。我们从单身的状态开始，然后来聊聊约会和交往，最后再来谈谈，如果遇到了分手，我们需要怎么办。

330 / **享受单身**

很多人非常享受单身，因为大部分单身的人都忙于到处参加活动，享受约会、认识异性的乐趣，生活很是精彩。所以，你可能很少听到他们大肆谈论单身多好，有太多事情等着他们去做了。单身也是充实自己的好时机，有些人会学习新事物，参加帆伞运动或瑜伽课程。他们不需要为自己辩护什么，毫无牵挂地把生活过得精彩充实才重要。

当然，也有很多人并不是那么热衷于单身的状态，那也没关系。不要让那些取笑单身狗的言论打击到你。没有合适的交往对象并不意味着你就低人一等。

如果你处于单身状态并渴望摆脱单身，那么偶尔感到孤单也是非常正常的。但你也可以享受单身状态的乐趣。你可以自由地对心仪的对象调情，一个人来趟未知的冒险，经历各种新奇的遭遇，尽情享受单身的自在。

331 / **学会享受独处时光**

想要解决单身的问题，最好的办法并不是随便找一个人终结单身，而是调适自认为可悲的心理状态，让自己振作起来，学会享受独处时光。

一旦你享受独处，就不会再感到焦虑或是急于寻求陪伴，自此之后，你即使有了另一半，也不会过度依赖对方。这就看你打算如何选择，你可以选择你想要的生活，没有人能把你困住。

若你觉得独处会让你陷入绝望，你可以参加跳舞派对，发泄情绪，或是听些激励人心的音乐，譬如说蠢朋克乐队的 *Harder Better Faster Stronger*（《更猛，更棒，更快，更强》），还有碧昂丝的所有歌曲。

• 寻找你想要的那个人

332 / **主动邀约**

无论男女，都别害怕主动邀约。提出邀约是一件需要勇气的事，大多数人都害怕被拒绝，但随着时间和经验的累积，你会越来越熟练。

若你对某人有好感，隐约感觉到对方也对你感兴趣，要如何确定呢？主动约对方出去吧，能从他们的回答判断对方对自己的心意到底如何。别执着于对你毫无兴趣的人，花太多时间在他们身上只会让你信心受挫。

另一个重点是邀约别过于开门见山，但更不能表现得扭扭捏捏。比如说："我想认识你，等你有空的时候，有没有兴趣一起喝咖啡 / 吃饭？"

别给对方太大的压力，也不用低估自己，认为自己一定会被拒绝。

简短地询问，接下来就是耐心等待对方的回答。

如果你遇到这几种对象，肯定不会有好的结果，所以避免这些情况吧：

- 你只是被对方的外表所吸引，而不是内在气质。
- 受邀的对象已婚。
- 对方是亲戚朋友的伴侣。
- 曾经和你分分合合至少两次的对象。
- 对方的心智年龄跟你差了七岁。
- 你被对方深深吸引，但那个人对你毫无感觉。
- 对方的性取向与你不同。
- 蛇蝎心肠的人。

333
你喜欢的人对你没感觉，别以为当朋友就能让他们改变心意

以我自己的经验，有这种错误的思维，最后的结局还是无尽的挫败及心痛。

若是一个想追你的人假借着单纯朋友的名义接近你，你一定会心存疑虑，他对你好是因为真心把你当朋友，还是别有意图。女生若常常遇到这种人，也会开始怀疑身边的异性朋友。

很多人都做过这种事，希望以友情包装我们心中的情愫，假装成好朋友的姿态，喂养着一点点渺茫的希望，期待能等到对方改变心意。但你想当的是他的情人，而不是朋友，更没必要去当备胎。

若你真的喜欢某个人，就直接告诉他。若遭到拒绝，也不需要以朋友的名义默默守在对方身边，期待对方回心转意。

某人拒绝了你，不代表他是坏人

如果某人拒绝你的告白，不代表他就是坏人，他也不是无情无义，没有眼光，该受到报应。

拒绝难免会造成伤害，想想你被拒绝或分手时，他们是真诚且保持风度吗？他们态度够坚决吗？他们尽力维护你的自尊，想减少给你的心理伤害吗？

若这些问题的答案都是肯定的，就代表他是个体贴的人，只是因为某些理由，无法答应你。时间会冲淡一切，你会慢慢原谅，也发现他其实也没那么无情伤人。唯有如此，你才有办法真正放下过去的恋情，对逝去的感情做个了结与告别（请见379步）。

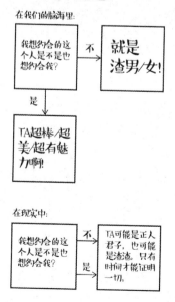

335

别对喜欢你的人颐指气使

即使对方喜欢你，而你对他们没感觉，依然要以友善的态度相待，别当面嘲笑或刻意避开。请注意，这里所说的友善，不是要让对方误以为你也喜欢他，或给他希望，而是态度友善却不模棱两可，不要让对方抱有一丝希望。

● 如何成熟地面对你的生理需要

我们必须承认，成年人之间的交往是复杂的。有时候不一定要有深厚的感情基础，才会发生性行为。有时候可能是没时间交男女朋友，或是在前一段感情里受了伤，尚未痊愈，总之，每个人都会有生理的需求，如果你只是想要单纯无顾忌的性行为，只要你们都能成熟地面对，做好心理准备，别让自己或对方受伤就好了。

336

如果你真的要把朋友变成床伴……

第一，你真心喜欢并尊重这个人。

第二，你没有想要和他在一起的欲望。

第三，对方也完全没有爱上你的冲动。

达到这些条件，才能尽可能避免彼此受伤。人心总是在变，这段关系可能会维持几个星期或几个月，恐怕没多久就如海边的沙堡，被波浪冲刷而逝。享受当下，过去的就让它过去吧！

若你不小心日久生情，爱上了你的床伴，忍不住开始幻想，如果可以认真交往就好了，但你又不敢告诉对方你的心情，扪心自问，你是不是期望着你们的关系足以让对方爱上你？这样对彼此都不公平，毕竟你们当初的游戏规则就是如此，要么告诉对方结束这种关系，要么死了这条心，否则到最后受伤害的只有你自己。

337

不必为自己的选择感到羞愧和自责

即使你昨晚度过了一段美好时光，也没有任何宿醉不适，隔天一早刚起床还是特别难熬。若你感觉非常糟，又很懊悔，那么自己的选择自己承担，你也必须慢慢释怀，世界不会因此而毁灭。若你还是不断感到自责，请跳至第341步。

338

共度良宵的隔天别匆忙逃跑

隔天早上在不熟悉的公寓中醒过来后，你可能会尴尬得想逃跑，但其实不需要，这是你自己的选择，你没有做错什么。

冷静地收拾东西，检查是否都带走了，若你不想再与对方有所牵扯，别遗留任何重要物品，让对方以为你还希望彼此继续联络。接着，神态自若地谢谢对方与你度过美好的一夜，然后头也不回地走出去。

339

以尊重及友善的态度，对待与你发生过关系的人

不需要过于热情地送花或献殷勤，但言行举止至少要表现得真实诚恳且友善。确切来说，别在对方面前谈论他们在床上的表现，或是自己过不了心里那关，就对对方怀有敌意。

340
别大肆宣扬（除了你最亲密的朋友）

不需要大肆宣扬自己的性生活，成熟的人更不会拿这种事到处炫耀，这非常不尊重彼此的隐私。若有人问到，就隐晦地说："噢，对呀，赛斯人很不错，很讨人喜欢。"点到即止。

341
若你会因找床伴而感到自责，就别再找了

这本书不会对个人选择多做评论，追求爱与性是合理且合法的自由，每个人都有性自主权。有些人能够把爱与性分离，也找得到自己有些好感却不至于投入感情的床伴，就可以跳过接下来的几段话。

但若你无法如此洒脱，每次约完床伴，心里都会开始动摇、依赖对方，甚至做出进一步的交往要求，这绝对是大忌。你完全不了解对方，你们的关系是建立在各取所需、互相合意的性关系上。

有些人则会有很深的罪恶感，自以为自己思想很开放，自以为自己玩得起，但其实你不行，发生关系后总是后悔失落，内心充满羞耻感或者罪恶感。若你是这种人，就代表你不适合这样的关系，别让自己一直沉浸在懊悔中，打起精神，好好等待一个真心待你的人。

342
别把"性"当成留住人心的手段

性爱会释放出一连串激素，引发愉悦、幸福和亲密的感受，但事物均有一体两面，性爱也是一个具有极大破坏力的铁链球，你把它甩出去伤害别人，摆荡回来的力量也足以让你自己遍体鳞伤，反而惩罚了自己。

若性爱让两个人都痛苦，就赶快舍弃吧，别再折磨自己了。

别当第三者

想想你听过的第三者的故事，大多注定失败，落得悲剧收场的后果。

若你真的爱上了有夫之妇或有妇之夫，可以坦白告诉他们。但最多只能说一次。然后保持距离，绝不能有任何肢体接触，发生亲密行为只会让事情一发不可收拾，这是不可跨越的底线。

别抱着不切实际的幻想，期待对方会愿意和原本的伴侣离婚，抛下一切来跟你在一起。对方通常只是为了尝鲜或寻求慰藉才出轨，不可能为外遇对象而放弃原本的生活。

成为别人婚姻中的第三者是在破坏别人的家庭，这条路会走得很辛苦、不被祝福。不仅如此，第三者终究会得到报应，从别人手上抢来的，最终也会被人抢走。

若你愿意接受对方把你放在第三者的位置，不只是对方不尊重你，还意味着你也不尊重自己，这种没有基本尊重的爱情基础，怎么相信对方说的爱？

有些惯性出轨的人通常都是爱情骗子，会出轨的人通常都是惯犯，他们为了隐瞒而时常说谎欺骗，有第一次就有第二次，说更多的谎来圆谎，你绝对不是他唯一一个外遇对象。而惯于出轨反映了他没有自制力，也有可能是没有沟通与解决困境的能力，所以遇到问题就想换下一个新对象，跟这种人相爱，不会有美好的未来。

如果只是单恋，就别约会

这是我的朋友马克斯提供的建议。

单恋其实是一种情感投射，把自己的情绪、意愿和想法投射到别人身上，认为别人也是这样想。你疯狂地单恋着某个人，还一厢情愿地认为对方也如此爱着你。但事实并非如此，你们的频率完全没有同步，单恋中双方的关系既不平衡也不互惠，最好还是找一个频率合拍的人，才能发展出平等的爱情。

长期处于单恋状态的人可能会因为情感无法满足，总是得不到响应，而感到焦虑或抑郁。相反地，若是别人不断地追求你，但你对他毫无兴趣，那就早点断然拒绝吧，别继续给对方希望，拒绝难免会伤害对方，但不能因此犹豫不决，拖得越久，对彼此的伤害都越深。

请注意！这不适用于刚交往几个月的情侣，刚开始还在摸索阶段，很难马上就确定自己多爱对方。

345
明知这段感情该结束了，就别继续深陷

麦克·布莱克在讨论电影《泰坦尼克号》时，意外为这种关系做了最好的批注："整场电影，我都激动地坐在椅子的边缘，好像随时要跳起来，不断说着：'接下来会发生什么事？这艘船会发生什么事？'"

没错，若你明知这段感情该结束了，还继续深陷，那会发生什么事？很明显就是看着这艘船毁灭。

346
别自行脑补

没有一个举动可以代表感情的全貌，也没有一个行为可以看透他到底喜不喜欢你，但有时候你可以很明显地看出对方对你没有兴趣，你却还是想跟他们互动，希望自己的付出能感动对方。

若还是毫无进展，就必须适时停止。有些事无法改变，有些感情就是无法勉强。人心难测，爱情更是难测。

人心让爱情变得复杂，与其花时间去猜测对方在想什么，不如好好

把焦点放回自己身上。若无法控制自己的情感，也别过于苛责自己。

● 约会与交往

你们情投意合，互相欣赏，就可以约会了！

347
交往前，至少要有几次正式约会

下面这三种情况，不算是正式的约会：

◆ 在派对上碰面。

◆ 去某人家看电影。

◆ 观看美国情境喜剧《发展受阻》，两人毫无互动。

这些活动虽然有趣，但无法更深入了解彼此，所以不能算约会。你们都是成年人了，交往前的约会应该要借机了解彼此，才知道适不适合进一步交往，最好不要借由喝酒来增加互动，但一两杯小酌还可以接受。

正式的约会应该如此：

◆ 两人单独喝咖啡，愉快地聊了几个小时。

◆ 公园里散步谈心。

◆ 晚餐约会，试着让对方对你印象深刻。

348
喝醉是一次约会的大忌

只能小酌，绝不能喝醉，无论你多爱喝酒，也要等接下来几次约会再慢慢让对方知道。喝醉容易导致酒后失态，让人对你印象很差，更糟糕的是，你们可能还因此第一次约会就上床，你就同时犯了第一次约会的两个禁忌。

前几次约会时，保持神秘感

随着年纪增长，你和约会对象都会有丰富的经历。你们可能会有多段恋情，有过心碎的往事，得过性病，甚至曾经历无法抹灭的伤痛。这些过往都已经成了你的一部分，也让你更懂得该如何去爱。

但第一次约会，没有必要将自己的一切全盘托出。初次约会，应该是像小狗一样互相嗅嗅对方的味道，谨慎了解对方是个什么样的人，至少不是要把你囚禁起来的坏蛋。初次约会可以把自己平常的一面展现出来，但不必把你内心所有的小秘密和黑暗面都全盘托出。

不过需要特别注意的是，如果你们已经打算发生关系，就一定要跟对方透露自己相关的身体问题，譬如说性病最不能隐瞒，事先告知才是最尊重对方的行为。若是之前的性关系很复杂，为了保险起见，最好每半年检查一次，保护自己也保护别人。

对方愿意告诉你，代表他很尊重你，当然可以选择不发生关系，但也不要马上翻脸走人，完全不给对方面子。许多性病好好治疗的话，都能完全治愈，若对方已经痊愈了，再加上安全措施，就不是什么大问题。

别怕做自己

没错，你需要展现出自己好的一面，但没必要因此刻意假装成另一种性情。做自己是一种坦诚，毕竟你骗不了对方一辈子，也会因为时时刻刻试图掩饰真实的自我而过得很累。你一定也希望对方喜欢的是原本的你、最真实的那个你。若没有让对方一开始就看到真实的你，之后发现了你虚假、做作的一面，可能会感到受骗，甚至认为你还有很多事都隐瞒着他，感情可能就随之破裂了。

351

保持神秘，但有些事还是必须先讨论

很可能会有进一步发展的约会对象，应该要让他们知道的事情包括是否拥有婚史、是否有小孩、是否有任何慢性疾病（包括精神疾病）。

但你完全没必要提及的事：你跟多少人发生过关系、前任男女朋友的优点以及对对方外表上的缺点的吐槽。

352

过往恋情别多谈

有些人认为要想让约会对象多了解自己，就必须先了解并包容你的过往恋情。但是，初次约会实在不适合多谈前男友或前女友，若话题不断绕着前一段关系打转，只会让约会对象怀疑你是不是还很怀念前任，根本没准备好也无心开始发展一段新关系（第384步）。

353

确认关系

你们已经约会超过一个月，对彼此的感觉也不错，再询问是否要进入固定关系。欧美人士的习惯是，还在暧昧期时，彼此都可以同时与别人约会，直到其中一方问："我只想和你一个人约会，你能不能也只和我一个人约会？"另一方可能会很高兴对方如此主动，这时候两人确定关系了，才成为正式的男女朋友。

354

沉迷于恋爱，但也别忘了自己的其他责任

刚开始一段新恋情，小两口不免沉浸在甜蜜的小世界。即使如此，

也不要忽略了自己的责任，你身边还是有许多重要的事物的。

朋友依然想见见你；父母也希望孩子没忘了他们，期待接到你关心的电话；你还是要把工作做好；宠物也需要你的照顾。尽了这些责任，就能毫无后顾之忧地享受恋爱的喜悦！

355 / 伴侣不是闺密，不一定能天南地北地聊东聊西

无论是异性恋或是同性恋伴侣，你热衷的事物，对方不一定感兴趣，反之亦然。你可能完全无法理解他怎么总是滔滔不绝地讲着在线游戏的迷人之处，而他也早已听厌了你谈论工作上遇到小人的所有细节。

世界上不可能找到一对情侣或夫妻的兴趣与爱好完全相同，别要求对方马上改变，更别把自己的爱好强加给对方，你们可以尽可能地去理解与尊重，多观察对方的反应，若聊天时发现对方已经面露不耐烦或毫无响应，试着转移话题，谈一些两人都感兴趣的事物。

356 / 伴侣能各自享受生活，不需要时时刻刻腻在一起

我的朋友莎拉与戴维就是最好的例子，他们都是非常外向又活泼的人，但莎拉有个习惯，她参加派对绝不待太晚。

交往之前，她就已经先跟戴维表明了："如果我们去参加派对，几个小时之后，我想先回家睡觉了，我不会为了要陪男朋友而硬是撑到很晚，明明就累了，还要假装很开心。我也不会因为他不陪我一起先回家而生气，他可以继续待在那儿，等他回家之后再跟我分享派对后来发生了哪些趣事。"

爱情能够长跑的情侣，不会过度干涉对方，他们最大特点是相聚时就好好珍惜相处的时光，短暂分开时也能各自享受做自己想做的事，之

后还能与对方分享。每一刻都要与对方腻在一起，做同样的事，爱情反而很难保鲜。

357
别为了满足虚荣心而跟某个人交往

有时候人会为了满足自己的虚荣心，而找一个带出去见朋友比较有面子的高颜值伴侣，让别人羡慕，或是因为对方的社会地位、财富才与他约会，这种价值观错得离谱。

与某人约会或交往，应该是建立在彼此了解和有感觉之上，而不是为了外在享受或虚荣心作祟。外表或外在事物随时都有可能改变，假如你是因为 X 先生的外表而与他交往，哪一天他出了意外，容貌有所改变，那你打算怎么办？

358
约会是为了观察另一半的人品

你要交往的对象，不应该只对你一个人好。你可以观察他对待别人的态度，那是他的真面目，有一天他也会这样对你。

每个人对于人品好的定义可能都不尽相同，我通常都是用以下标准判断一个人的性格与人品。他是个敦厚正直的人吗？他对所有人都很友善吗，即使是与他毫无利益纠葛的人？他是否重视诚信？他的价值观会不会与你相差甚远？

短时间内通常很难看出一个人的人品，不像外表一样一望即知，我们可能有办法一眼就发现某个人很性感，但无法马上就得知一个人的内在性格。因此，了解对方的内在性格更为重要，拥有充实的内在以及善良的人品绝对是维系长久感情的关键，因为人很难到了八十岁还依然有性感的外表吧！撇开外表，有些人能够活出自己的价值，拥有内在的美丽，而有些人的内在空空如也，这就是差别所在，你会如何选择？

359/
问问你自己，如果你八十岁了，你还愿意和这个人愉快地聊天吗？

这是我的朋友埃米莉告诉我的，就像前面说的那样，等你们都到八十岁了，你一定不怎么在乎跟对方上床的细节了。当荷尔蒙带来的化学反应消退后，你知道什么还会继续留存，甚至日益增长吗？

是你们相互陪伴的感情；是每天你期待着从那个人的身边醒来，一起读着自己喜欢的书，哪怕两人的阅读口味大相径庭；是两人并肩克服许许多多困难；是体谅和原谅对方；是忍受对方讲了多年的冷笑话；是边吃晚餐边分享一整天的大小事……这些都是组成一段长久关系的幸福细节，它们才是最重要的部分。

360/
深入一段关系之前，确定你们的目标一致

谈一场不适合自己的恋爱，下场就如摔下楼梯般凄惨，遍体鳞伤。

深入一段关系前，你们必须对人生大事有些共识，想结婚吗？要不要有小孩？住在市区还是乡下？这些问题都要达成共识才走得下去，若真的无法协商，代表你们真的不适合，没必要再拖着彼此，即使分开很痛，也要各自继续向前走。

361

若跟某人交往让你痛苦万分，早点分了吧

还是陈腔滥调，社会现实的残酷常常压得你喘不过气来，但是，因为身边有许多爱你的人与你爱的人，所以你还撑得下去，他们给了你许多勇气去面对严酷的人生。

但若种种不愉快和残酷的生活是你的另一半造成的，那就不要折磨自己了，赶快离开他吧，你还有更美好的人生在等着你。也别忘了停下脚步想一想，思考自己为什么会遇到这种人，还让他进入你的生命。

年轻不懂事的时候，常会遇到这种"鬼遮眼"式的恋情，虽然自己的心里有一把尺，对好与坏心知肚明，但有段时间，某个人就是会让你看不清，遇到这种情况，只有自己救得了自己。

362

一段关系不能只建立在小确幸上

这些都是轻松容易的事情：躺在床上、看电视、吃美味的糕点。

这些都是有趣的事情：玩水上摩托车、看着小狗玩乐、吃美味的糕点。

"长久的关系"绝对不会只建立在这些轻松或者有趣的事情之上。爱情有许多轻松美好的时刻，但不可能总是处在这种状态。真正成熟的关系是即使对方偶尔做了什么惹怒你的事，你还是爱他，愿意包容他的小缺点，也愿意花时间好好维系你们的感情。

爱一个人并不容易，不可能放着不管，恋情还能永远保鲜。经营一

段爱情，就像是让一个小孩去爬树，这个过程会让孩子很开心，但也要时时注意，以免一不小心摔断了手臂。

363 别试着改变另一半

若忍不住想要求另一半改变，试着转移自己的目标，做做园艺、木工艺，或去当志愿者。别试着改变某个人，除非另一半的恶习令你困扰不已。

愿意交往，代表你愿意接受对方的样子，包括他的嗜好或厌恶的事物。若尝试过后，还是无法接受，那就果断分手吧！

人是能够改变的，只是要看对方有没有这个意愿，无法强求，但可以先试着沟通。若真的很爱你，很在乎这段感情，在一些小事情上，对方可能会愿意配合你。但你不能要求他事事都顺你的意，没有谁能强求另一半为自己改变。

364 别低估性生活对一段关系的重要性

两个人交往通常不只是因为床上合拍，但若性生活没有默契，绝对会是两人分开的理由。

有些人可能会认为性生活没那么重要，但这却是人类繁衍后代所必需的，大部分的人都希望能满足彼此的身心需求。认为性生活在一段关系中很重要，绝不代表你是个肤浅或是充满肉欲的人。如果你打算跟某个人交往，甚至是结婚，意味着往后的日子里，你就只能与这个人发生关系，那当然要确保你们的性生活很合拍又美好。

若你的欲望比较强，而对方总是没什么欲望，你们就需要好好讨论，看有没有能够取得平衡的办法，就如同你是个极爱挥霍的人，而对方特别节俭，都需要沟通。没有谁和谁能在各方面都完全合拍，但可以试着克服，别过于大惊小怪，两个人才有办法好好沟通与磨合。

365 说出你的需求，不用感到害羞或恐惧

若另一半是个体贴的人，他们会在意你在床上能否感受到愉悦。如果对方在床上一点都不在意你的感受，那也让你了解到他不是什么好人。

但你不讲，另一半也不知道如何做得更好，除了用口头表达的，也可以用肢体语言，让对方了解到自己的状态和需求。多数女性都羞于启齿，根本不敢跟伴侣提及这种私密事，也有可能是害怕伴侣不领情，拒绝自己的要求。

再次提醒，贴心的伴侣在床上绝对会希望你能感受到愉悦，除非你的需求真的过于奇特，要不然另一半应该也乐于在床上尝试新方式。

366 与性伴侣理性地讨论后果

除了讨论双方如何在床上更愉悦，也需要谈论理性的层面，包括避孕方式、性病，不小心怀孕该如何面对与处理，这些都是你们要先厘清的问题。

别等到在床上了才讨论，两人都已意乱情迷，激情之下实在很难专心讨论正事。

跟某人上床是件大事，很多事情要先考虑，但当下的美好愉悦常常让人忘了之后有可能要承担的责任与后果，而这些后果都会直接改变你的人生。因此，发生关系之前还是先确定你们有共识比较好。

367
情侣吵架守则

每对情侣都一定吵过架，应该说，有些情侣可能没有激烈争吵过，但除非其中一方没有主见，要不然一定会出现意见不合的时候。面对这种情况，有效的争吵才有助于沟通。

没有帮助的无谓争吵：

◆ 互相叫骂。

◆ 翻旧账。

◆ 不承认自己的错误，不愿意讨论解决方案。

◆ 不接受对方真诚的道歉。

有效沟通的争吵：

◆ 双方情绪激动时，彼此可以适当分开，冷静一下。跟对方说："我爱你，但我想我们需要冷静一下，我先出去走走，我们半小时后再谈。"找朋友或家人聊聊天，发泄一下，也听听他们对你们争吵内容的看法。

◆ 清楚简洁地说明你们为何争吵，尽量客观。

◆ 以开放的胸襟接纳亲朋好友的意见，而不只是一味要求亲朋好友站在自己这边。

◆ 争吵时更别大声吼叫，对方是你深爱的伴侣，别像对待狗一般，大声责骂他们。

◆ 若你们争执不休，陷入没完没了的争辩，适时设下止损点（请见第125步）。

368
除非你内心非常肯定，不然别同居、养宠物、贷款买房以及生小孩

在一段关系还不是很稳定的时候，很多人可能会选择做些重大决

定，说服自己，也以为这样就能让自己安心，但这是最要不得的做法。

伴侣之间许多的相处问题或冲突，都还算单纯、好解决的，若发现对方还不够成熟，你也有机会选择离开。但若是把小孩或房贷压力牵扯进来，事情就会变得更难处理。

所以，当你还无法确定是否能跟这个人走下去时，就别轻易做重大决定，特别是同居、养宠物、贷款买房以及生养小孩。

● 同 居

住在一起！热恋中的情侣总会想要每分每秒黏在一起，住在只属于你们两人的幸福小天地。同居让你感到幸福温暖，但也是爱情的试金石，很容易暴露自己最真实的样子，磨光彼此的感情。若最终感情真的破裂了，那你至少在结婚之前看清了这个人。以下的意见可以让你的同居生活更顺利。

● 同居之前：

◆ 等热恋期过了，多观察几个月，再决定是否要同居。这几个月应该没有激烈争吵、濒临分手或分分合合，也不会觉得这段关系令你困扰，这时你们再考虑同居才是合适的。贸然同居无法解决你们的任何感情问题。

◆ 确定彼此对于家庭有共同的目标与想象，价值观一致。例如：生活习惯的差异不会太大，两人都想尽力保持家里干净整洁？家里的灯要加灯罩吗？你们能在家居装修这方面达成共识吗？（最理想的状况是，其中一方对这方面没什么意见。）你们希望同居之后，家里是常常热闹非凡、有客人来访，还是想要宁静的居家环境？你或许已经很了解你的男朋友或女朋友，但先讨论彼此对于同居生活的价值观与生活习惯，总比之后不断抱怨或争吵来得好。

◆ 同居的各项开支问题呢？有些情侣可能为了省钱而决定一起住，但这不是个好动机，双方可以有共同的金钱规划，但还是要将金钱开支分配好，以防日后感情生变，纠缠不清。各自经济独立，也能让自己不过度依赖这段关系。（请见第六章）

● 同居时：

◆ 分配好如何支付账单。我听过不错的办法，就是开一个共同账户，彼此都把薪水部分存到此账户，再从中支出房租、账单及生活必需品等费用。也要思考，若其中一人赚得比较多，同居生活费按两人收入的比例共同承担吗？

◆ 讨论好如何公平地共同分担家务事。其实也没有所谓真正的公平，互相分担、互相体谅就不会累积不满和愤恨。

◆ 两个人会一起在家吃饭吗？谁负责煮？谁洗碗？谁买食材？

◆ 宠物是你们一同照顾吗？

● 同居结束：

◆ 同居终有可能结束，先想好自己的后路。你有地方能暂时借住吗？若其中一方走了，另一方要继续租赁此屋吗？选择一年一签的租约比较保险。

369
如果你订婚了，记得不要用社交网站来通知你的亲朋好友

订婚的喜悦让你想马上在社交网站上公之于世，但别忘了先告诉家人与亲密好友。社交平台无法保证让消息都能及时传到所有重要的亲朋好友耳里，可能会有人因为没得知这个喜讯而感到伤心。一旦身边至亲知交都得知，你就能开心地向全世界大声宣布了，哇！欢呼！

• 爱情中的敌人

这里所说的其实不是真正的敌人，而是指一旦你与某人交往，就必须包容另一半与亲戚朋友的相处，你也要学习如何与他们相处融洽。

370
留空间与时间让另一半与朋友相处

情侣彼此可能有些中学时期就认识的朋友，你不见得认识，而有各自的生活圈是一件很好的事情。男人即使有女友，还是会想跟哥们儿出去聚聚，他们通常也不太在意哥们儿的女朋友有没有一同参加，所以其实你不一定每次都要跟着去，多留些空间给男友和他的好哥们儿。

另外，别说男友的好哥们儿的坏话，特别是即便说了也无法改变的事实，这会让他里外不是人，一边是好朋友，一边是女朋友，感觉就有如两块石头同时在胃里翻搅，非常难受。

371
与伴侣的亲朋好友和平共处

让自己的内在力量茁壮成长，即使不喜欢另一半的亲朋好友，也能够试着接受，与他们和平相处。

372
互相尊重，才能走得更远

前面所提到的相处方式都该是相互遵守的，无论是让另一半有跟朋友相处的时间，还是与伴侣的亲戚朋友和睦相处，不只是你要这么做，另一半也应该要尊重你身边原有的这群人。要相处在一起，就必须互相尊重、互相包容。

• 如果你们分手了

不是每段关系都会以失败收场。有些恋情能够顺利地走向婚姻，或是双方成为长久而稳定的伴侣；有些则是感情慢慢转淡，最终以和平分手收场，没有任何争执与翻脸，留下美好回忆长存心中。

但现实生活中，尤其是二十岁出头、年轻气盛的年轻人，特别容易经历很糟糕的分手经验。

通常分手会有两个角色——提分手的人与被分手的人，也有可能角色重叠。无论是和平分手，还是不愉快的分手，既然分了，就留点风度，别再公开互相叫骂，或是暗地里乱放话伤害前任（请见第385步）。分手后，两个人伤痛程度不一，通常其中一人会伤得比另一人重。我们先从伤痛较轻微的那一方开始讲起，再慢慢讨论到心痛到窒息的那一方。

373
分手就分得干净

如果你心里清楚你们的关系结束了，就要断得干净，藕断丝连的处理方式只会加深彼此的痛苦。

大部分的人都很难轻易割舍一段多年的感情。爱情让彼此的心与生活慢慢变得密不可分，仿佛紧密相连的两棵树木，交集越来越多，盘根错节，分开变成很麻烦的事，让人可能会因为怕麻烦而将就着，或是狠不下心来砍断枝枝节节。

但有了这些征兆，就代表你们必须结束了：

- ◆ 对彼此没"性"趣。
- ◆ 内心清楚而坚定地感觉到你们走不下去了。
- ◆ 忘了当初相爱的原因。
- ◆ 对方做任何事都惹得你不开心。
- ◆ 你想与别人发生关系（别劈腿，结束现在的感情，才能再与别人发生关系）。

374

分手前花几个星期让情感抽离

当你感觉到这段关系差不多该结束了，很难再走下去，那你不妨先收回一点对自己的感情的掌握。用几个星期的时间保持一点距离、暂时减少联络、降低依赖，让彼此慢慢适应没有对方的感觉。但时间不能拖太久，否则不确定感与失落感会让你们折磨着彼此。

暂时让情感抽离只是分手前的准备，别以为你这么做，对方就会了解你的意思，自己主动离去。还是要提分手，先给彼此一些空间，慢慢开始把你的东西搬离你们共同的公寓，然后就算真正结束了。

特别注意：这种方法不适用于"爱情暴力"的受害者。无论是遭受身体暴力，还是精神或情绪上的虐待，都必须赶紧脱离暴力关系。若你没有受到暴力对待，但你已经发现了一些危险讯号，伴侣有暴力倾向，你就要特别小心，赶快离开，避免造成不必要的伤害。假如是已经同居的情况，等他们出门工作时，打电话请朋友帮你一起搬家，越快越好，不宜久留。

375

干脆利落地分手

分手已经够让人心痛了，别再说出这些残忍的话伤害对方，譬如说：

"现阶段我们可能要先分开冷静一下。"（这是什么意思？有一天你会回心转意要求复合吗？我要悲痛欲绝地苦苦等你吗？）

"我们比较适合当朋友。"（当朋友只是藕断丝连的借口。）

"我需要空间、自由。"（对方可能会认为你只是要足够的空间，若他能够不让你感到有压力，你们就会重修旧好？）

分手别找一大堆烂理由或借口，你可能会觉得这些理由能暂时让对方比较好过，但反而是反效果，藕断丝连只会造成更深的伤害，请让彼此都死了这条心。

想果断分手可以这么说："我知道这对彼此都很残忍，但我必须跟你分手。"别因对方的哀求而心软，也别给对方留下希望，以为还有机会让你回心转意。

376 告诉对方你的底线

若你真的很希望另一半改掉某个坏习惯，你才有办法继续跟他交往下去，那就直接告诉对方，也帮他一起想办法。

例如："你如果不戒除酗酒的习惯，我就要跟你分手。你还想要继续交往的话，就要马上戒掉，至少要先让我看到你的决心。"

设下底线，避免这种事在你们之间重复上演。

377 分手不需要找理由

分手实在不需要找任何借口或理由，若想顾及对方的自尊，简单地说"我们真的不适合"或是"我们一直不愉快也不是办法，还是分开会比较好"。或许真的有些详细的原因，但若只是一些无谓的批评，讲了也无法让对方成长，或也没办法让对方在下一段关系中有所改善，那就没必要讲，别彼此伤害，好聚好散。

378 对方要与你分手，请保持尊严，别再苦苦哀求

如果你不幸被分手了，失去了心爱的另一半，结束了伤心又令人心

碎的对话，你以为你什么都不剩，但你还可以留有最后一丝尊严。

分手后什么都可以留下，除了你的尊严，请有尊严地离开。被提分手的当下可能会因为不甘心而苦苦哀求，花了好几个星期甚至几个月的时间发信息纠缠不休，打电话哭着向对方挽回，甚至像个疯子一样骚扰对方，但这样只会让你连最后一丝尊严都赔上。

379 / **别期待感情能画下美好的句点**

当一段感情结束时，你内心可能很希望对方的分手说辞能够稍微鼓舞你，让自己不会沉浸在被抛弃的悲伤中。因此很多人会希望对方给个理由，无论是对这段感情的一个结论，或是为自己的付出画下句点。

若你想依赖对方的分手说辞，就能真正放下这段感情，那是不可能的。只有经过几个月，甚至是几年的反省、思考与成长之后，对自己诚实与负责，才有办法真正放下。绝不可能从刚分手的前任口中听到真实的解答。

你心中幻想对方说的分手理由：

你问：为什么要跟我分手？

对方回答：你真的太好了，个性好，人又有趣，我真的非常爱你，但我不该再耽误你，你已经给了我非常多美好时光，你值得更好的人好好待你。

但若对方诚实地说出分手的真正理由，对话应该如下：

你问：为什么要跟我分手？

对方回答：因为我无法再忍受你咀嚼食物所发出的噪声。我已经对你腻了，倦了，不再有新鲜感了，我想和别人上床。还有，我妈不喜欢你。

这些原因只能放在心中，不可能说出口，讲出来只会把你伤得更彻底。回想你上一次与某人分手，是否没有说出真实的原因（可能是欺骗或药物成瘾）？若对方要求你给个理由，你会说吗？你想说吗？绝对别说，就让这些过去埋藏在心中。前任伴侣所讨厌的行为或模样，不代表下一任也不喜欢，搞不好下一任很喜欢你吃东西发出的声音也说不定，又或许他压根儿就不在意这个细节。

不知道对方离开的真实原因，才不会浪费更多时间纠结在对方所认为的缺点上。接受自己的不完美吧，没有人是完美的。

380
分手后别马上联系

这是从一本名叫《你其实可以找到更好的他》的书中看到的忠告，作者是格雷格·贝伦特与阿米拉·萝特拉·贝伦特。这本书可能不适合推荐给刚失恋的人看，放在书架上，被别人看到了也有些害羞，但这本书绝对能帮你走出失恋伤痛，迎接未来更美好的人生。作者认为，你应该在刚分手的两个月内完全不与前任有任何联系，不打电话、不发信息，更不可以追踪对方在社交网站上更新的状态。

刚开始肯定难熬，不习惯没有他的生活，害怕没有他你就不完整了，但你会慢慢发现，没有他，你也可以过得很好。面对那个曾经牵动你所有喜怒哀乐的人，你的心中可能还有恨意、遗憾、伤痛，不太可能带着这些情绪继续笑着跟对方当一般朋友，所以，先断绝和对方的一切联络或许才能抽离情绪。长痛不如短痛，相信对方真的离开了，习惯了不联络，习惯两个人变一个人，才能学习独立，自我疗愈。

381
让朋友把分手的消息传出

大家不知道你分手了，若你不想一个个告知，不断地重提分手这种伤心事，那就请朋友把分手的消息传出，说你分手了，但不想多谈。

382 / 别过度压抑伤痛情绪

分手的痛楚真的足以令人发疯。失恋分手的反应可能是崩溃、发疯或抱头痛哭，这都很正常，没必要压抑。千万别只是一味地压抑悲伤，也不用强迫自己要马上走出来。伤痛若是有这么好遗忘，你当然也想马上忘记呀！

适度的伤痛是好的，人往往会压抑或抗拒痛苦与哀伤，忘了心也是需要疗伤的，不是假装没事就好了。逃避内心的情绪反而会让痛苦的时间更长，伤口无法愈合。伤痛可能持续了几个星期、几个月甚至几年，都很正常。只要你好好处理并勇敢面对内心的负面情绪，有一天你就能从伤痛中走出来，真正释怀。

383 / 认清现实，你的前任已经对你没感觉了

二十岁出头的时候，我爱上了一个花花公子，我当时天真地以为轰轰烈烈才算真正的爱情。还记得有一次我们讲电话，挂上电话后，我坐在沙发上兴奋地大叫大嚷，就像一个在披头士演唱会上的十二岁小孩。跟他在一起虽然好玩，但我却常常感到悲伤，因为他并不是真的爱我，没有把我放在心上，感觉只是想跟我玩玩。

我们最后当然分手了。

后来我每次在超市遇到他，或是在挤满人的房间里瞥见他，我还是会被他的一举一动所牵动，伴随而来的又是极大的痛楚。我犹如毒品成瘾研究里的小白鼠——小白鼠如果推了控制杆，有时会得到毒品作为奖励，有时则不会，而科学家从中发现，小白鼠会永无止境不断推着控制

杆，即使完全没有再给予奖励，它们还是继续推，成千上万次都不停止，直到它们死亡。

我终于了解，爱情也会让人上瘾，即使已经失去了，对方也不可能再响应我的感情，我还是不断推着情绪的控制杆，希望能得到什么，潜意识里的习惯难以戒除。

但我最终要接受分手的情人不可能再回到以前的状态，彼此的感觉不同了。我们都不再是当初的自己，我也不可能再因为跟他讲完电话而兴奋尖叫。面对这种情况，请认清现实，然后告诉自己：再一次遇到他的时候，我不会再推动情绪的控制杆。

384
还在伤痛中，就别急于寻找替代品

人之所以为人，是因为我们有血有肉，还有不同的思想。机械齿轮坏掉了就换一组新的，能够找到一模一样的新齿轮；但人不一样，你无法找到跟前任如出一辙的人。分手后，若忘不了他，就继续想念他吧。别为了转移注意力，忘却伤痛，就匆匆再投入一段感情作为寂寞的替代品，这对现任非常不公平。

385
别在公众场合评论前任的不是

这种事私底下跟朋友谈论就好，不需要搬到台面上，让陌生人、双方共同朋友、好管闲事的同事都知道。

你有可能想公开诉苦以求安慰，但分手后口出恶言、到处叫骂，绝不是明智的选择。你可以这么说：

- ◆ 我和谁谁谁分手了。
- ◆ 我们是和平分手的。

◆ 就这样，不需要多做评论。用坚定的语调让对方知道你并不想多谈，不想抱怨或是批评，最好赶快换话题。

无论你分手的原因如何，你都可以回答这个"标准答案"："他（她）人很好，但我们不适合。"

"我们不适合彼此"这句话就说明了一切，别人也很难再问下去了。不用到处叫骂对方劈腿！或是你们有过多么激烈的争吵！对方的家人多不友善！大声抒发你的怨言，不只是破坏对方的形象，也破坏了自己的形象。

毕竟对方曾经是你深爱的人，批评他也等于批评自己当初选择错误，你不需要满足别人的好奇心，很多人假意关心，其实是抱着看笑话的心态。

386 / 接受前任的存在

说不清楚究竟带着什么样的心情，你可能会希望他们从此消失，仿佛从没出现在这个世界上，更没出现在你身边，但你不得不承认，前任是你无法抹灭的过去。唯有接受了这段过去，接受了前任会一直存在于回忆中，你才有办法平静地往前走去，与新对象好好交往。

387 / 时间能冲淡一切，或许之后能变朋友

前面提过，一开始必须完全断绝联系，让自己死了心，但随时间的流逝，彼此也都已挥别过去，伤口愈合，或许能够再当朋友。

但你必须有办法对彼此诚实，尤其是对自己诚实。若你已经准备就绪，真正放下，也许生命中就多了一个特别的朋友。但即使成为朋友，也绝不要和前任讨论现在的性生活。

支持彼此

这一步与前面谈论的分手无关，但绝对能为这个章节画下完美的句点。

当你和某个人交往之后，无论面临什么事情，彼此都应该站在同一战线上。即使另一半有可能是错的，你还是愿意认同他、支持他。若你真的站在对方的角度思考，也努力去理解对方的想法，但还是无法认同，那就坦白跟对方说。

生活中充斥着各种残酷又黑暗的现实，彼此都多给予对方温暖与安全感，知道无论发生任何事，一定会有人在背后支持着，这种感觉很美好、很幸福，内心踏实和全然的支持将让你有勇气面对各种困难，让你明白，生命中还有更光明和美好的东西。

一点小讨论

（1）你有没有幻想过在哪个奇特的地点，有帅哥或美女主动搭讪？

（2）你认为哪个比较惨：分手或得了大肠癌？

（3）你提分手时，用过的最奇葩的理由是什么？

生 活 里 ，
总 有 艰 难 的 时 刻

这一章的标题看起来不太轻松，因为生活本身不是一件轻松的事。有时生活会展现出严肃的一面，但这也很真实。人生难免遭遇困境与难处，不同阶段的高低起伏，难免让内心五味杂陈。而事情总是一波未平、一波又起，难以捉摸，常常让人措手不及。

有时候，这些意料之外的小问题还算容易解决。譬如说，你急着赶去朋友的婚礼，但车子却在高速公路上抛锚；或是面试的前一刻，不小心打翻咖啡，竟然刚好洒在裙子上。有些则会造成长期且深重的影响，比方说重大疾病，或是你深爱的人去世。无论什么情况，你都必须勇敢地面对，表现出成熟大人该有的样子。

大多数的人都体会过失恋的心碎，但你不应该因为害怕再次在爱里受伤，从此拒爱情于门外。永无止境的害怕只会令人束手束脚，你只会把自己困住，无法成长，也不可能有所突破。

同样地，当问题来得太突然时，我们会无法预测、无力控制，甚至无法理解为什么这种事会发生在我们身上。但不管你再怎么怨天尤人，抱怨老天爷或责怪身边的人，你还是得去解决问题，这是成长必经的过程。

等到你把问题解决后，能力会提升，成长蜕变如凤凰涅槃，你将看到自己的改变。如同我母亲所说的，每次遇到麻烦事，通过挫折学习并克服，都是一次获得成长、变得更好的机会。

本章很多故事都是我朋友亲身经历的悲惨遭遇，以及他们如何勇敢面对，最后如何让事情迎刃而解的故事。长大后你会常常发现，人生真的很不容易，要好好过日子，并不是那么简单的一件事。人生苦短，能把日子过得简单平顺，就是最大的幸福。

• 特别声明

我必须先声明，本章只能大略提到一些概念，并不会提供非常专业的医疗或法律建议。所以，才没有写第469步：如何快速学会操作心脏除颤器？想知道如何操作心脏除颤器，请去问医生，区区一个二十七岁记者所写的书，可无法在书中涵盖如此专业的内容。

389/
保持镇静，别崩溃

身陷紧急状况时最需要保持冷静，虽然内心一团混乱，但外在还是要尽量表现正常。无论发生什么事，思考几秒钟，深呼吸，告诉自己没有什么解决不了。

当脑中拉起了警报，不断嗡嗡作响——"我该怎么办？！"——这时只要关掉脑中的警报，就能处变不惊，镇静地做出正确的决定。除非是身边的人突然心脏病发，你完全没有一点迟疑的时间，要不然很多紧急事件其实还是有一些缓冲时间能够思考。若没有经过深思熟虑，决定过于草率，很有可能做出错误的选择。

遇到极大困难或是挫折时，我们时常会畏惧不前，认为自己一定处理不了，就想要逃避。但我们的危机处理能力比想象中强很多，很多看似不可能解决的问题，我们其实都能迎刃而解。不要小看自己的能力，人有无限的可能，有些事情只有经历过了，回首才发现自己其实有能力冷静处理。

390/
二十一岁时过不了的难关，其实都没那么严重

第一次经历某件事，不免感到惊慌失措、不愿面对，但你要记得，这些问题很多人都遇过，也都顺利解决了。

凡事往正面想，保持乐观的心态，人生没有过不去的难关，现在的担心与痛苦总会过去，随着时间流逝，船到桥头自然直。与其怨天尤人，还不如勇敢面对，可借由深呼吸让自己平静，不妨找些资料让自己更有信心，也不要忘了，这些问题在六个月后根本不算什么。

譬如以下这些事情绝不是世界末日：

◆ 车子故障。

◆ 参加重要场合，找不到合适的衣服。

◆ 猫咪呕吐。

◆ 人类呕吐。

◆ 任何呕吐的情况。

◆ 暂时的银行账户透支（钱可以再赚）。

◆ 指甲造型失败或头发弄得很丑。

391
随时准备这几项物品，应付衣着方面的突发状况

凡事先准备，有备无患。车子或包包里最好准备这三样东西，能应付许多衣着方面遇到的紧急状况：去渍笔、防走光胶带（怕领口较大会露出肩带时就可用来贴住）、安全别针。

● 预防灾祸

前面提过，许多事情不是我们能控制的，但我们可以先做些准备，把可能的伤害降到最低。

392
家中必备医药盒

医药盒须装有：

- 各种尺寸的创可贴、纱布、急救胶布、绷带（用来支托固定扭伤处）。

- 外伤止痛急救万用膏（先擦上这种万用膏，再绑绷带，能避免感染）。

- 双氧水（外伤后马上用双氧水清创可能会太刺激，可以先用肥皂水清洗伤口）、药用酒精（杀菌）。

- 镊子（可从伤口中取出碎片）。

- 止痒药物（适用于蚊虫叮咬以及其他瘙痒症状）。

- 冰袋、温度计。

生活所需之常备药品则有：

- 阿司匹林（治疗头痛）、布洛芬（治疗肌肉酸痛）、次水杨酸铋（治疗胃痛）、苯海拉明（治疗过敏）。

393
如果受伤，确保清理好伤口，不要以为这没什么

- 如果伤口比较严重，一定记得上医院处理。

- 如果是日常比较浅的小伤口，要先以肥皂水清洗，然后涂上薄薄一层外伤止痛急救万用膏，最后再用绷带包扎或贴上创可贴。

- 若伤口大量出血，可用消毒过的绷带对伤口施加压力，直到成功止血为止。一旦止血成功，不要拆掉绷带，应让它继续绑住伤口。

芦荟可改善晒伤后的不适症状，我喜欢把芦荟胶放在冰箱，冰过后再使用，马上就能镇定晒后红肿的肌肤了。

394
烧伤处理

烧伤分Ⅰ度烧伤（皮肤发红、深度只到表皮浅层）、Ⅱ度烧伤（起水泡）以及较为严重的Ⅲ度烧伤。我朋友伊丽莎白说过，烧伤与谋杀的分级完全不同，一级谋杀会被处以终身监禁；而小面积Ⅰ度烧伤，在表

面涂抹芦荟胶即可。

若是严重烧伤或大面积烫伤（晒伤不算），特别是皮肤呈苍白色，色素细胞与神经皆遭到破坏，已经没有疼痛的感觉，则要马上送医。Ⅱ度烧伤的面积若大于7.6平方厘米，其严重性也不容忽视。

若是在家煮饭不小心被水蒸气或热锅子烫到，没那么严重的情况下，可自行处理。先在缓和流动的冷水下至少冲10分钟，再擦上外伤止痛急救万用膏，并用绷带包扎。

395 家中准备一个小型紧急救难包

紧急救难包的物品不需要急着准备齐全，可以花几个星期的时间慢慢备齐，去大卖场或五金行的时候，一次买一些。没有用到紧急救难包当然最好，但若发生状况要用到时，急救物品绝对不能有缺漏。

紧急救难包除了存放基本的不易腐坏的食物（最好是不须加热、冷吃也可口的食物）、足够的水、携带式收音机、手电筒与备用电池，还可以准备能消磨时间、减轻焦虑的物品，譬如一些特别为紧急时刻设计的桌游，确保你们有不须用电的游戏来排遣无聊难耐的等待时间。

396 把握参加急救训练课程的机会

无论什么时候参加都没关系，即使你是在十年前中学健康课程中接受训练也很好，只要当时学到一些急救技巧就够了。请注意，我特别强调"把握机会"，这个机会有可能是公司企业提供，除非你想要成为专业的紧急救护技术员，不然其实不一定要特地报名参加紧急救护协会的训练课程。很多地方都会举办急救训练活动，不妨多多利用这些机会报名参加。

汽车中准备基本避难物品

跟家中紧急救难包的物品大同小异，包括足够多的水、不易腐坏的零食、手电筒、保暖毯（让你住在车上也不会失温），还有一些简易的生活必需品，你可能永远都不会在车上用到，但若有一天真的用到了，你绝对会很感谢自己曾经存放了这些东西。

● 车子里必须备的进阶避难物品

前国家公园保育巡查员玛丽·亨德森提供了这份清单给我。住在郊区或乡村的人特别需要准备这些物品，但住在城市的人也有机会去到山区玩，有准备总是比较安心。

◆ 可折叠的铲子：户外用品店就买得到，适用于铲雪或铲泥泞的地方。

◆ 随身小折刀或多功能工具组：小巧、好携带又有多种用途，放一个在车子的手套箱，总会用到的。

◆ 除冰刮刀：若是住在较为寒冷的地区，人人都应该有除冰刮刀，别跟我一样，紧要关头，居然只能用CD盒当除冰刮刀。

◆ 湿纸巾：想必开车的朋友都经历过车玻璃起雾的情况吧，情急之下你可能就能直接用手抹一抹，以免起雾情况越来越严重，挡住视线造成危险。但用手抹很容易留下一块脏脏的污渍，最好还是用湿纸巾擦拭。

◆ 跨接电缆线：看到别人的汽车没电，无法发动，就能问对方："你需要借电吗？我有跨接电缆线。"用电缆线跨接电瓶，以借电方式来救援抛锚的车，对方肯定感激不尽。

◆ 轮胎压力计：你要了解这东西，学会如何使用。

◆ 玻璃击破器：也称为救生锤，你可能一辈子都用不到，但花个几十块买个保障不为过吧，它有可能会救你一命。有些车窗玻璃击破器还附有安全带切割刀，放一把在易于拿取的地方。

◆ 纸巾和卫生卷纸：可一次放置大量纸巾和卫生卷纸在车上，需要用到的时候，临时发觉没有卫生卷纸真的很崩溃。

◆ 车载手机充电器：你知道原因的，没必要再解释了。

398
油量剩余 1/4 时加油

每次车子里提醒油量的黄灯亮了之后，就该去加油了，但我都还是会拖一段时间才去加油，我正在改掉这个坏习惯。为什么最好在黄灯亮的时候就加油，甚至是黄灯亮之前加油更好？这类似于厕所卫生卷纸要随时补充的道理，油表剩下1/4处就该加油，较能保护油泵。

而保持油量不低于1/4除了对油泵较好，还有一个很实际的好处，你不会在开山路开到一半突然没油，还要请好心的路人救你。也有可能遇不到好心的路人，只得花大钱请道路救援帮忙。

再次提醒，千万不要在油表灯亮时还不去加油，否则烧毁油泵或半路没油，后续处理都非常麻烦。

399
道路救援

许多信用卡或保险公司都提供了基本的免费道路救援服务，不妨事先了解申请方式、收费标准，以及服务范围与项目，多家比较之后，选择一个较适合自己的方案，当车子遇到突发状况时，就不会仓皇失措，一通电话即可享受道路救援服务。

400
可考虑购买租屋保险与租客保险

租屋族通常也会担心老旧房屋电线是否易走火，或是遇到淹水、地震等天灾人祸，参考各项保单，每一种所包含的保险项目不尽相同，选择你特别想保障的那一类情况。

401
将有纪念价值的物品拍照留念

租屋族若担心遭窃，可投保盗窃险保障自身贵重财物（珠宝、计算机或乐器）。此外，为了以防万一，你还是可以花个30分钟，把家里有纪念价值的物品都拍照留念，若它们真的不幸遭窃或不翼而飞，你至少留存了影像，证明它们曾经存在于你生命中。

别忘了上传到云端，只存在计算机上还是很不保险，你无法预测计算机什么时候可能突然坏掉或系统需要重装。

402
如果遇到车祸，千万保持冷静

如果你不幸遭遇了车祸，让你冷静下来绝对是一件非常困难的事情。毕竟大多数人都会表现得惊慌失措。但你必须让自己冷静下来，只有这样，才不至于造成更严重的错误。

◆ 遭遇车祸时，你的第一反应应该是检查一下你的车子是否还能开动，如果可以，请尽可能把车子停到远离车流的地方，这样才能避免后续的连环事故。

◆ 如果车祸中有人受了伤，先确认一下伤势的严重程度。如果伤情看起来不算严重，请尽可能保持冷静，不要冲动。在情况还不明朗之前，不要把事情都揽在自己的头上，不要说一切都是你的错，也不要贸然向对方道歉，你只需要不卑不亢地询问一下对方的情况，留下对方的个人信息，包括对方的姓名、地址、电话号码、保险公司名称、保单号码、驾照号码、车牌号，然后也把你的相关信息告诉对方。打电话请交警来处理现场。如果能找到现场目击者，也请对方留下姓名和联系方式。

现在，你需要记下关于这次事故的所有细节，因为保险公司绝对会有非常多的问题要跟你厘清。即使是许多看似无关紧要的细枝末节，也都应该详细记录，可能对保险理赔影响很大。在你离开现场之前，记得用相机或手机拍下车祸所牵涉的所有车子，包括车子的受损部位、路面擦痕以及身体受伤部位，等等。

最好不要与对方私下和解，还是要找交警做笔录，避免影响日后的诉讼及保险权益。尽快与自己的保险公司取得联系，将事故情况完整地告诉他们。

即使身体没有明显外伤，还是去医院检查一下比较保险。许多车祸产生的后遗症，往往因为大意而延误了治疗的最佳时机。

● 记得在手机里存进这些人的号码

花个15分钟将这些电话存入手机，以备不时之需。因为当你需要打这些电话时，通常都是分秒必争的情况，绝不能浪费一分一秒在慌乱找寻电话号码上：

- ◆ 公安局报案电话。
- ◆ 你所投保的保险公司电话（若不止一家，则要记下各家保险公司的电话）。
- ◆ 紧急救难号码。
- ◆ 若是在美国，可储存中毒控制中心的电话。
- ◆ 若你养宠物，就要有兽医的电话。

- 医生的电话。
- 常去药店的电话。

403 / 了解你的保险承保范围

来个小测验：你的保险免赔额是多少？你知道什么是免赔额吗？你的共同保险金额是多少？你知道什么是共同保险吗？

简单来说，免赔额指的是在保险合同中规定的损失在一定限度内保险人不负赔偿责任的额度；共同保险则指的是由两方或者多方联合提供的保险。

保单的条款与细则又多又繁杂，动辄几十页，内容晦涩繁杂，让人看了烦躁，但你再不耐烦也无济于事，还是必须理解自己的权利，看到保单上不理解的词汇，就使用网络查询吧！

404 / 注意身体发出的警报

我无法在这里详尽地列出一份身体的警报清单，但下面的这些情况，一旦发生了，你最好立刻寻求帮助。依照情况的严重性判断，看看是送急诊还是去医院挂门诊。

这些警报包括但不限于：

- 癫痫发作，不明原因丧失意识或心智出现严重障碍
- 出血不止（身体任何地方血流不止都很严重）
- 呼吸困难
- 右下腹剧烈疼痛（可能是阑尾炎）
- 瘫痪
- 高烧持续24小时以上（体温超过38摄氏度）

这些是较为严重的征兆，发现症状最好及早送医，身体还有可能出现许多警报，绝不能不以为然，及时送医才能挽救一命。

405 / 如果你认为该叫救护车，就别犹豫了

出现严重出血、创伤、呼吸困难或失去意识等一般人无法自行处理的症状，应该尽快打120叫救护车。当你脑中浮现了是否该叫救护车的念头，答案通常是肯定的，别再犹豫了，情况通常已经非常危急。

406 / 受伤总会痊愈

每次不小心受伤，无论是咬到舌头，还是脚指头踢到桌脚，我都会下意识觉得这种疼痛从此以后都会跟随着我，老天爷啊，为什么是我？为何我总是那么衰？

但这种意外造成的疼痛通常会慢慢减轻，轻微的状况，可能几分钟、几天就没有疼痛的感觉了，较为严重的情况，也有可能拖到几个月，甚至几年，但最终痛感总会明显减轻或是消失。

◆ 小提醒：若疼痛持续太久，就应寻求专业医师的诊治。不只是身体上的疼痛，心理上的痛苦也不可轻忽。若你觉得心里有过多害怕、倦怠、焦虑、不快乐的情绪，久久无法释怀，甚至严重影响到你的生活，那么寻求专业的协助也许是最好的做法。

407 / 善用免费的心理咨询渠道

若你有寻求咨询渠道和心理治疗的需求，但你无法负担其花费，不妨先打给免费咨询热线，询问："我觉得我好像得了抑郁症，情绪非常

低落，但我也付不出心理咨询的费用，我该怎么办？"

拨打热线，你只需要负担电话费或者手机费，比咨询师的费用少很多，若你还无法敞开心扉，也不必马上讲出你所有的悲惨遭遇，热线的志愿者会告诉你可以去找哪些费用较低甚至是免费的咨询渠道，或是有些精神疾病医师会自愿去小区心理咨询中心，提供免费咨询。别羞于寻求协助，有非常多获得协助、咨询的渠道，你绝对有办法找到适合你的方式。

● 当你身边的人陷入低潮

当身边的人遭遇灾祸，或陷入情绪低落的谷底，特别需要你给予某种程度的情感支持，请用心聆听与理解，鼓励他们说出自己的恐惧、担心或烦恼。你可能会认为你无法真正帮助他们，自己的问题只有自己最清楚，他们如果不面对，没人帮得了，抑或是你希望他们去寻求专业的心理咨询或协助。但你可别低估了自己，你或许能发挥极大的作用。回想你以前遭逢挫折、陷入低潮时，有些朋友马上在第一时间出现，关心、支持着你，或是默默陪在你身边，但也有些朋友一下子消失得无影无踪。你喜欢哪一种？你希望自己成为哪一种？

每个人一辈子都会遭逢丧亲的悲痛，虽然很悲伤，但死亡是生命的常态。我曾访问过一位礼仪师，他说，人的一生中，至少会经历三次失去亲人的伤痛。但当我们看着身边的亲朋好友经历丧亲之痛（比如你朋友的母亲去世了）时，我们却不知道应该如何安慰他们，如何才能陪伴他们度过这些悲伤的时刻。

不管怎样，不要因为害怕说错话就选择什么都不说。你不需要有太大的压力，因为谁都不可能改变对方失去母亲的事实，也不可能一下子就让某个人彻底摆脱悲痛。别担心当你提及对方逝去的亲人时，你会让他们触景伤情、更加难过，因为他们根本就从来没有忘记过，脑中还在不断浮现逝者的点点滴滴，不会因为你提及了才想起来。

处在服丧期的人，总是会感到非常孤独，因为大多数人都不知道该说什么，于是就选择了"给对方一点自己的空间"——但如果他身边的每个人都主动给他留出了独处的空间，这种被疏远的感觉或许并不是他真正想要的。

408
当别人痛失至亲时，学会如何安慰对方

这些是你最好不要做的事：

◆ 别说"我完全知道你的感受"，即使你也失去过亲人，但每个人的生命经历不同，不可能完全了解别人的感受。别人的父母或手足刚过世，别自以为提起你已经过世的阿姨能安慰他们。

◆ 不需要刻意逗他们开心，更不要说"我想这一切可能是最好的结果"，失去亲人对他们来说绝不是好结果。

◆ 别因为你感觉尴尬，就可以避开他们。你的那一点小尴尬和他们遭遇的巨大伤痛相比，真的算不了什么。

需要避免的地方并不多，大家都记得住吧？好的，下面让我们看看什么是适合做的事：

◆ 告诉他们你对于他们失去至亲感到非常遗憾。

◆ 不需要告诉他们如何哀悼或应该去做些什么减轻痛苦，这毫无用处，他们不太可能因为你的安慰就马上走出伤痛。你能做的只有陪伴以及倾听，让他们知道你会一直在。

◆ 若他们住得比较远，你不妨打个电话或写封信，表示哀悼和慰问。即使住得很近，还是可以写封信，去安慰你悲痛中的朋友，对方会很感动的。

409

如何写出得体恰当的哀悼信

书写哀悼信不需要特别有创意或特别有文采，只要慎用适当的格式，表现适宜的礼仪，就能写出得体合宜的哀悼信。最好简短却真挚，稍微提到你与那位去世的人曾有过的共同回忆，表达出真挚情感的文字，就显得真心且感人肺腑。

亲爱的某某：

　　刚才获悉您母亲去世的噩耗，深感遗憾，向您表示我们深切的哀悼。您母亲友善、亲切的态度令我印象深刻，她总是处处设想周到，无私地为别人着想。我一直记得，有一天她与我彻夜长谈，苦口婆心劝我离开当时的交往对象，后来证明了她的建议是正确的。我很希望能帮助您，无论什么时候，有任何需要都请告诉我。

某某　敬上

410

不要期望对方马上走出悲痛情绪

事实上，如果你的好友正在经历一次丧亲之痛，你的确无法提供任何实质性的帮助。就算你很想拉他们一把，让他们早点结束悲伤，你也必须让他们自己走完这段旅途。有时候，你可以试着转移他们的注意力，带他们去看一场爆米花电影，或者去海边散散心。这些都是很温暖的举动，尽管他们不一定能如你所愿，全心投入你提供的散心活动，但你也要理解，复原是一个缓慢的过程，他们需要时间。

他们可能有很多很多的话想说，但他们忍住了，因为担心他们的悲伤情绪会感染你。让他们知道你愿意做一个倾听者，当他们释放内心的情绪时，安静地听他们说完。认真倾听他们的每一句话，适时地鼓励他们说出那些隐藏在言语之后的真实感受。让他们尽情地倾诉，哪怕重复四遍、五遍、六遍都没关系。因为当人们面对人生中的重大事件时，一开始都很难接受事实，只有不断地把事实说给自己听，大声地、反复地说给自己听，才能让自己最终接受一切。

每个人释放情绪的方式可能都会不同，性格外向的人可能会想要不断地倾诉，通过倾诉，他们才有办法整理自己的情绪；性格内向的人可能会希望一个人独处，自我疗愈，让他们不断跟别人倾诉反而会让他们更加疲惫。

不要不好意思询问你的朋友，他们需要的是什么样的帮助，你怎么帮助他会让他感到舒服。每个人调适悲伤的方式都不同，他们是否需要你帮忙转移注意力？还是需要拥抱？渴求陪伴与安慰？还是想要独自静一静？不管对方想要的是什么，即使不是你最推荐的方式，你也要尽量尊重他们，让他们早日走出伤痛。

411 / 若收到丧礼邀请函，尽量不要无故缺席

丧礼与其说是为逝者举办的，不如说是为生者举办的。通过葬礼，生者才能完成最后的告别和纪念。所以，如果某人邀请你参加丧礼，即使你根本就不认识死者，还是尽量抽空前去。以同理心看待这件事，若是你痛失至亲，必定会希望丧礼当天很多人前来哀悼，毕竟这会给丧家带来极大的安慰。

412 / 当你的朋友经历了流产，他们经历的也是一场生离死别

流产是难以言喻的巨大伤痛，与痛失至亲的失落同样让人难以释怀。很多人不敢坦然面对，选择闭口不谈，压抑心中的伤痛。写封信传

达出你的关心，让对方知道你非常愿意倾听，愿意陪伴他们走出难关，也会一直在他们身边支持着。你可以静静地陪伴、倾听、帮助对方转移注意力。绝对不要说"你跟孩子的缘分浅，这是最好的安排"之类的话，这些自以为是的安慰只会触动对方的伤口，让他们更加悲痛欲绝。伤痛需要时间抚平，他们会慢慢恢复的。

413

朋友住院，探病时务必保持冷静

探视住院的朋友，你的内心可能会有这些既激动又担忧的情绪：

◆ 看见朋友在面对死亡的威胁，不忍他们受苦，而你又无能为力。

◆ 上医院并不是一件日常的事情，你很可能会感到不舒服，尤其是看到医院里的那种对伤痛习以为常的氛围，你更可能会感到惊慌。

◆ 但无论如何，生病或受伤住院的朋友的感受比你的那些讨厌医院的情绪重要多了。

如果上医院探访病人成为生活中不可避免的事，克服自己的心魔吧，朋友生病或受伤住院，你愿意抽空探望他们，真心的关怀会让病人感觉温暖，也让他们复原得更快！

先向病患家属打听是否适合去探病，有些病人不喜欢朋友看到他们病恹恹的模样，所以最好还是先打电话询问，有时候贸然前去探病，反而会给病人造成困扰。若对方病得并不严重，可直接向他本人询问，不需要再通过家属沟通。

还要记得先打电话至医院，询问病房的探病时间，每家医院的规定可能略有不同，探病送礼也必须考虑病人的病情和饮食限制，不可随便送不适合对方的礼物。举例来说，若是刚动完手术，饮食上的限制特别多，可能要特别避免刺激性的食物影响伤口的复原。探望送花也有其学问，考虑病人是否对花过敏，而花瓶中的水以及花朵的花粉都是滋生和传播细菌的温床，这些也要事先考虑。

414 / **若医生或护士进了病房，访客最好先回避一下**

不一定要离开，只要到走廊上稍微回避一下就好。病人有可能想趁这个时候跟医生说明一整天的状况，内容或许过于细节，比如跟医生讨论他的排便情况，这些让你听到了可能会有些害羞。留点空间给他们，别造成朋友的尴尬与不便，他们可能会因为不好意思在你面前与医生讨论，而错失治疗的良机。

415 / **提出具体的问题，然后提供实质的帮助**

我们总是会问："你有什么需要帮忙的吗？"然后期望对方讲出自己的需求，我们再去尽力配合。但大家通常都不好意思说出自己真正的需求，可能是怕麻烦人家，或是担心成为别人的负担。他们会觉得每个人都有自己的事要忙，所以通常会回答："没有呀！没什么事。"如果你真心想帮助你的朋友，不妨直接提出能有实质性帮助的问题，比如如果你知道对方养宠物，你可以问："需要我去帮忙照顾宠物吗？"对方就比较容易欣然接受你的帮忙，而不会羞于启齿。

416 / **若你正遭逢低潮，欣然接受别人的关爱与帮助，并心存感激**

任何场合有人称赞你，最好的响应是不吝表达感激，而不是过于谦虚地拒绝赞美；同样的道理，别人提供帮助，你应该坦然接受，而不是强装坚强，明明内心很感动，还硬是说自己不需要。

通常你能感受到对方是真心诚意地想要帮助你，还是只是为了做人情或随口说说。若是后者，就尽快回绝，但你必须接受前者的善意，还要记得表达你的感谢之情。这些真心想协助你的人肯定非常爱你，他们能感觉到你的难过和无助，想为你做些什么，别拒绝他们的善意。

• 无论何时，都要遵守法律

遵守法律是最基本的原则，别让自己留下任何违法记录，现在信息发达，很容易就查得到。

417
喝酒不开车，开车不喝酒

大家都知道酒驾会造成自身与他人的危险，若这还无法规劝你，那么想想酒驾的其他后果吧，你可能会被处以罚款，还会被吊销驾照，甚至还会因为肇事而丢了工作，留下前科记录。

418
若你需要法律咨询协助，询问身边的人是否有推荐

不论是做法律咨询，还是有事需要委任律师，都免不了要支付相应的费用，但若是有认识的引荐人，律师可能会比较愿意先免费帮你咨询。

你可以这样说："您好，我是约翰，是我妈妈苏珊·卡拉布里迪建议我来询问您的，希望能简单问您几个问题。"有些律师可能就愿意无偿回答你的问题，再跟你讨论是否需要进一步的法律咨询。

419 / 别忘了还有法律援助

对弱势群体来说，他们可能无力负担诉讼费用及律师报酬。为了让大家都能受到法律保障，有些法律咨询机构会提供免费法律咨询或是提供合理的委托收费标准。除此之外，很多大学都有法律服务社，由专业义务律师在场为民众解惑，给一般民众免费咨询法律问题。

420 / 警察讯问，你有权保持缄默

警察讯问期间，你是有权保持缄默的，可以等律师在场再回答。

假如只是拿到了超速罚单，而你真的超速了，没有什么好辩解的，那就乖乖接受道路交通管理处罚条例的处罚，依照情况缴纳罚款就是了。

421 / 简洁明了地告知坏消息

每个人都有可能遇到需要告知他人坏消息的时候，虽然非常难以开口，但你最好私下立即告知对方，而不要让对方等你一点一点地透露消息，他们很可能会胡思乱想，把事情想到最坏的地方去。

如果你要宣布坏消息，你需要做的是清楚又直截了当地说明，提供你所知道的所有信息，越具体越好。你可以抱有同情心，但你也要做好充分的准备。每个人在接受坏消息的时候都会有不同的反应，有人会当场崩溃，也有人看起来会无动于衷，但你要知道，这只是暂时因为震惊而引起的麻木，并不代表他们真正的感受。

"梅根，我是凯莉，我很遗憾，必须告诉你一个坏消息。"当你要宣布坏消息之前，可以暂停几秒钟，让对方做好心理准备，再接着说，

"阿曼达·彼得斯不幸于昨晚的车祸中过世了。"

若车祸的伤者正在医院急救中，你就必须讲得快速又清楚，让对方还有时间赶快赶去医院探视。"我很遗憾，必须告诉你一个坏消息。阿曼达·彼得斯因为昨晚发生严重车祸，现在正在某某医院的重症监护室急救。"

任何对于被告知者有帮助的细节，都尽量简洁明了地告诉对方。

422

与父母讨论遗嘱和遗产问题

大部分的父母亲不太喜欢和小孩谈论这种议题，尤其东方人会特别忌讳。许多人避谈死亡，甚至认为预立遗嘱不吉利，要立遗嘱就必须想到"他们过世之后，生活会变成什么样子"，很多人连想都不敢想，让人如此悲伤的话题没有人喜欢。

但死亡是不可避免的，我们始终要面对现实，父母不可能永远都在我们身边。虽然这种事不管怎么准备都很难面对，但事先有所准备和规划，总比等到事实都摆在眼前了才开始想来得踏实。请父母提早立遗嘱，这并不代表你没心没肺，不在意父母的死活。提早立遗嘱，是对自己也是对亲人负责。子孙已经要面对失去亲人的痛苦，没有多余的心力再去处理遗产争议或纠纷。

423

若家族出现严重的财产纠纷，可委托律师

谁都不希望因为争财产而让整个家族反目成仇，甚至走上法庭打官司，但在迫不得已的情况下，律师可协助你捍卫权益，也提供了争执的缓冲区，帮助你们更快平息纠纷。

立遗嘱

没错，看起来似乎没有必要，但你的确需要为自己立一份遗嘱。如果你都已经邀请你的父母立好遗嘱了，那么你也完成你的部分才公平嘛。

一点小讨论

（1）本章会让你感到生命中有太多的失望与沮丧吗？让你更低落，还是更正面积极？为什么？

（2）车子在山路上没油，你认为遇到好心人的概率是多少？

（3）你目前遇到过的生命中最大的难关是什么？

在温暖的家里
开启新的旅途

对一些人来说，家庭是一个幸福祥和的所在，他们的家庭气氛温馨，成员之间关系密切，每周末都会聚在一起，欢声笑语，享用好吃的食物，玩着大家都喜欢的游戏，没有任何争吵，每个人都乐在其中；但对另一些人来说，他们对家庭充满了复杂的感情，甚至早已与父母断绝关系。当然，我们大多数人都介于这两者之间，没有如此极端，有时欢乐无比，有时争吵不休。

　　你无法决定出生于什么样的家庭，也不能决定自己的父母是谁，但你可以选择如何与他们相处，以及要用什么态度对待彼此。

　　作为一个成年人，你的责任之一，就是要重新建立起你和家庭成员之间的相处模式。你需要确认你和家庭成员之间的交往界限在哪里，了解怎样才能算一个称职的家庭成员，以及怎样才能以最好的方式去表达你对他们的爱意。你可以想象到，这些内容要比之前我们所说的学会叠衣服、学会控制自己不醉酒要难多了。但同样地，你付出的努力越多，你得到的回报也就越大。

　　在这一章里，我们主要探讨家庭关系中会遇到的难题。我们不再多加讨论家庭关系中美好的那部分——比如你和兄弟姐妹们把酒言欢，或是你妈妈每年都会为你做美味的生日蛋糕——那种幸福、温暖和轻松愉快的感觉，毫无疑问能给家庭成员带来自信和勇气。正因为家庭是我们的人生中如此重要的一部分，我们才更需要关注可能会面临的挑战和难题，让家庭成为我们真正的力量来源。

请注意，当你长大后，父母将不再扮演下列角色：

- ◆ ATM提款机。

- ◆ 房子的管家（别指望你把自己的住处弄得乱七八糟，还要让父母过来帮你整理）。

- ◆ 神。

- ◆ 恶魔（当然，大部分情况是这样的）。

- ◆ 即使你犯了错，也会帮你擦屁股的人。

- ◆ 不管是非对错，都站在你这边的人。

425

和颜悦色地与父母互动

不只是与父母互动时该如此，对朋友、伴侣或同事都应该和颜悦色。我先介绍一位临床社会工作者莱尼·科博，她有超过二十五年的家庭、婚姻关系治疗的经验。

她说："我很喜欢'和颜悦色'这个词，它表现出了一个人与他人互动的风度，以及善解人意的态度，对他人和善，也真心相信对方没有恶意。若对方真的说了什么话，或做了什么事伤到了你的心，别闷在心里，当下沟通，解决事情，错的人就道歉。"

先听听对方的解释，别马上就生气翻脸，他们或许没有恶意，也不是刻意刁难你，他们会这么做，或许有什么你不了解的难处和苦衷，但他们的出发点总归是爱你。

父母从小照顾孩子到大，孩子长大了，要他们学习放手也需要一段适应期，清楚地让父母知道，你已经是个成熟的大人了，你会对自己负责。但这不代表父母就不能管你了，更不是说你就可以从此成为不受拘束、不知天高地厚的脱缰野马。

记得，随着你不断长大，和家人的想法一定会越来越不同

父母还在学习放手的适应阶段，你必须证明给他们看，你已经够成熟，跟以前不一样了。

你可能刚进入社会，找到第一份工作是成长过程中很大的转折点，但父母不可能在你工作的时候紧盯着你，更不可能随时跟在你身边看你是否有所成长。父母只能看到其中的一小部分，他们只知道你就是个工作稳定的上班族，下班后可能还会去健身。

父母有时候还是把已经长大成人的子女当小孩子看，别过于激动，最重要的就是要让父母看到你的成长，你在经济或生活上都能够独立，为自己负责，闯了祸也能自己收尾，如此一来，父母就能放心地放手。当父母有时候还是会忍不住干预时，也别过于苛责，适时提醒他们就好，交流时记得互相尊重。

面对孩子独立离巢，父母也在调适心情

父母当然很高兴你长大成人，也感到非常欣慰，父母把你从小拉扯长大，你成熟独立了之后，自立离巢，他们难免感到些许失落。他们必须调适自己的心情，但你也可以多让父母感受到温暖及关心。

向父母证明你已经具备那些能力

爸爸可能时常跟你谆谆教诲，不断提醒你找个稳定工作的重要性，要如何证明自己早已了解，不只是要跟爸爸说你已经找到了稳定的工作，而是要让他们知道你刚在职场上获得升迁机会。而妈妈若是不时提醒你，要养成健康的生活习惯及饮食，不断叮嘱好好照顾身体，你可以跟她说，虽然有时候没办法吃得那么健康，但你都有规律地运动健身。重点是要让父母感受到，你把他们的话听进去了。

另一位临床社会工作者希拉·瓦提说道："若你还像是个青少年，有许多不成熟的行为与举动，那就不能抱怨父母还把你当小孩子来看。无法做到父母期望的做人基本原则，也难怪父母亲没有办法信任，更无法放心。"

429 / 别伸手向父母要钱

长大后还伸手向父母要零用钱，怎么能证明你已经成熟独立了？没钱就自己努力去赚、去累积，经济不独立就不算真正的独立。伸手向父母要钱，就等于父母还有权力管控你的生活，有权干涉你的任何决定。人必须要有稳定的工作（第五章）、足以负担生活的收入、适当的理财规划以及退休规划（第六章），有了适当的财力，才能过自己想要的生活。

我朋友南希理智地说："总是要家人出手相救可以说是毫无尊严的表现，你真的没有赚那么多，那就必须省吃俭用、聪明理财，而不是照样乱花钱，还等着家人的经济援助。"

特别是有些父母虽然愿意提供经济援助，但他们是有附带条件的。

婚姻与家庭咨询师克丽丝特尔·马托克斯就告诉过我，她的一个病人之前结婚的时候没什么钱，于是新娘的妈妈开了条件，除非他们把婚礼办在她指定的地点，不然她绝不会帮他们出婚礼的费用。最后新娘拒绝了妈妈开的条件，也没有拿父母的钱，婚礼虽然办得简单了一些，但至少还是照自己想要的方式举办的。

克丽丝特尔说，这种想要借由金钱控制孩子的行为，绝对是犯了滑坡谬误的错误。滑坡谬误指的是使用连串的因果推论，却夸大了每个环节的因果强度，看似有理，但其实有许多逻辑上的漏洞。

"如果他们帮忙出钱买了房子，是不是他们就有权挑选你们窗帘的用色了？"

430
与父母分享生活，而不是处处依赖父母

无论你多么独立成熟，父母还是想要参与你的生活，渴求被需要与被重视的感觉。关键的差别在于，你是与他们分享你的生活，而不是处处依赖着父母。举个例子，你可以询问妈妈的想法，寻求她的建议，但最终还是要自己做决定。若没有父母的意见，你就完全无法做决定，这种情况就是过度依赖。

南希说："独立不意味着不用再理会父母的话，只是父母的角色有所转变，从为你好的命令者，变成值得信任的建议者。"

431
请父母吃饭

一旦你有能力，记得请父母吃饭。毋庸置疑，这绝对是成熟大人才会有的行为，因为这意味着两件事：第一，你已经有足够的工作能力与经济能力可以请父母吃饭，这是一件非常棒的事；第二，你明白父母与子女的关系已经开始转变了，今后将不再只是父母单方面对你无止境地付出，你也开始成为付出的一方了。

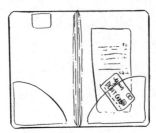

没问题！这顿我请啦！

● 对你的父母好一点

　　并不是工作赚钱了之后，每次吃饭你就必须要帮所有亲戚长辈埋单。这不是一笔感情债，需要你用一辈子去偿还。但所有的父母（除了那些不负责任甚至会虐待孩子的父母），都值得我们的感激和爱戴。他们赐予了我们生命，而且他们是发自内心欢迎我们的到来。至少你应该在他们生日那天记得给他们打个电话。

　　对你的父母好一点，并不是因为他们值得你这么做，而应该是因为你想要这么做。事实就是，你将来与你的父母、祖父母相处的时间只会越来越少。他们总有一天会离我们远去，留你自己在这个世界上继续前行。所以，当他们还在你身边的时候，记得对他们好一点，永远不要忘记告诉他们你多么爱他们。

　　表达感激和爱的方式有很多种，下面是一些可以参考的建议。

432

父母也有自己的人生，他们也有自己的秘密，他们不只是因为你而存在的

　　"很难想象我妈妈的过去是什么样子的。"莱尼说，"没错，我可以从老照片里看到她小时候的模样，但让我去想象她的青春叛逆期，想象她在职场的样子，简直是太难了。"

　　但当莱尼渐渐长大，事情开始变得不同。她渐渐发现，自己开始了解母亲的另一面，不只是一个母亲，而是一个完整的有血有肉的人。我问她，为什么她觉得这件事很重要。

　　莱尼回答："把问题丢回给你吧。你希望父母把你当成一个完整的人来对待，还是只是一个女儿的角色？"

433
多了解你的父母

爸爸小时候的梦想是什么？谁是妈妈的初恋？他们是怎么认识的？什么是他们遇过最伤心难过的事？

当你开始长大成熟，你会发现你真的可以和你的父母交朋友了。一旦你们开始以平等的方式进行沟通，你就会发现这是一件非常美妙的事情。你开始了解你的父母，而慢慢地，他们也会把你当成一个不仅可以谈论"苏珊阿姨下星期会来我们家拜访"之类的生活琐事，也可以聊聊内心感受的可以信赖的朋友。我人生中最自豪的一天，就是我妈过来问我一个工作上遇到的问题的那天。这意味着我真的是值得她信任的朋友了！

434
记得，当你和他们聊天的时候，你不是话题的唯一焦点

很显然，在父母生日或者其他重要纪念日时，你应该给他们打电话，问问他们打算怎么度过这些重要的日子，听听他们的想法。你可以写一张祝福的卡片给他们，作为他们彼此相爱多年的见证，告诉他们你是如何因为他们而学会了爱的真谛。如果可以，你最好能亲自前往他们的住所为他们庆祝，不能总是坐等着父母上门。

435
常常打电话回家

尽可能常打电话回家关心家人，没道理一个星期抽不出一些时间打电话呀！一个电话不会花太多时间。生活曾经绕着孩子打转的父母，可能在子女离家之后顿失生活重心，他们很爱你们，也会很想念你们。若你们分隔两地，或许无法时常登门拜访，这时候打电话就是谈心分享生活的最好方式。

不需要讲上几个小时，即使只有10分钟也很好，简单的关心与问候就能让父母开心不已。若你真的很忙，父母又常常忍不住跟你天南地北地聊了很久，哪怕说一句"我等一下要去做什么，可能无法聊太久，下周再跟您好好聊"，父母也会欣慰许多。

436

虽然你已独立，但还是要让父母知道，他们的意见你都会听进去

我朋友瑞秋对于如何让父母参与你的生活，提出了一个蛮不错的答案："让父母参与你的重大决定，询问他们的建议，能促使亲子关系更加紧密，他们也会因此了解到，你还是需要他们，只是方式有所改变而已。"

437

偶尔寄张卡片，上面要有你和朋友近期的相片

若真的很少见面，花几块钱买邮票、照片和卡片，也能逗得父母乐不可支，何乐而不为？写几段话给父母，可能是说明照片发生的事："我跟莫莉去赌场玩，居然刚好看到你们最喜欢的乐队表演！"更别忘了写你多爱、多想念他们。

多与父母分享你们的成就，父母永远听不腻

父母永远会不厌其烦地称赞孩子，世界上没有其他人能比得上他们的孩子。虽然朋友也很愿意听你分享喜悦，但他们其实不会想听你滔滔不绝讲着自己工作成果报告做得多好。

咨询师希拉说："从小，父母宁愿自己多辛苦点也要让孩子受到最好的栽培。孩子能成为人中龙凤，绝对是每个父母的骄傲。"

毕竟父母花了很多心思在栽培子女身上，希望他们能成为一个有社会责任心的正直的人，孩子虽然不是父母生命中的全部，但却是非常重要的一环，所以，和父母分享你们的成就吧！让他们知道心血没有白费，付出有所回报。

● 就算是家人，也有交往的界限

每个人都会有人际交往的界限。一般来说，"界限"这个词不会在日常交往中经常被提到。如果你的朋友时常提醒你注意界限的问题，你可能就要思考一下是不是自己聊天的时候太过自我。是滔滔不绝地说了太多无关痛痒的白日梦，还是聊了太多自己性生活的细节？

有人觉得一家人之间的交往不应该设下交往的界限，但事实恰恰相反。我们可以看看下面这个图表：

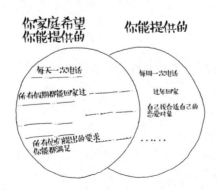

左边的圆圈里，是你的家庭希望从你这里得到的东西，右边的圆圈里，则是你可以为你的家庭提供的东西。庆幸的是，这两个圆圈的内容大部分都是重叠的。但重合区之外的部分越大，你和家人之间设定界限的必要性就越高。

439/ 没有人能决定你的人生

即使有人想要摆布你的人生，他们也无法完全左右你的想法，你才是自己内心的主人！没有人能控制你的感觉，只有你自己有掌控自己情绪的能力。所以没有人能为你设定你的交往界限，更不可能有人能完全摸透你的心思，知道什么才是对你好，而什么你又不该去做。

440/ 思考清楚该做与不该做的事

莱尼提醒大家，一定要先清楚设下自己的界限。

她说："倾听你内心的声音，学习设下自己的界限。"若你决定不要做某事，就找一个替代方案，试着安抚大家的心。若你不想参加家族旅游，或是刚好没空，但家中长辈一定要你参加，直接拒绝会搞得家中气氛很僵，你可以提出只参与部分行程等较为两全其美的解决方案。

没错，为了家庭气氛和谐，有时候还是必须勉为其难地做些自己不太想做的事。有时候你可能只想赖在床上，慵懒地观看美剧《广告狂人》，懒得打电话问候祖母。但经过内心的一番衡量，你会发现打电话给祖母绝对是较为正确的选择，自己其实也没有损失，打发时间的电视剧不看也罢，但你一通电话就能让长辈眉开眼笑。现在赶紧打通电话给祖母吧！

但若是你真的不想做或不应该做的事，而且你也找不到任何理由说服自己，那也不用勉强，从此以后你就知道这是你的界限。

441
若家人的建议给你造成很大的压力，暂停此话题

咨询师克丽丝特尔也提醒，家人会不断地想给你建议，是因为他们非常关心、在乎你，希望你能做出最正确的决定。你不妨说："我知道你是为我好，希望能助我一臂之力。"试着在引发冲突之前，让这个话题到此为止，或是跟爸妈说："谢谢你们的关心，但这个问题我能自己解决。"

若他们还是无法放下，试着表达坚定的立场："爸，如果我们不能转换话题，那我真的无法再讲下去，我可能要先挂电话了，等大家都冷静一下再继续聊。"

442
父母不该过度干预孩子人生中的重大决定

这样或许会伤到父母的心，但你还是必须说："不好意思让你们难过了，但这是我自己做的决定，我会负责。"然后就勇敢去做！前提是，你做这件事不需要父母的经济援助。

443
将"但是"改成"同时"

"我爱你，但是……"这种句子有个致命缺点，大家都清楚"但是"后头的文字远比在前面的任何话语还要重要，而且通常都是比较负面的话语，所以，一般听的人会完全忽略"但是"前面的每一句话，就算先做了安抚，造成的伤害还是很大。

可以试着将"但是"改成"同时"。

"我爱你，同时我也希望你尊重我做的决定。"和"我爱你，但是我希

望你尊重我的决定。"意思是一样的，但前者是不是让人听起来舒服多了？

444
你不必马上就回复家人的电话并讨论事情，先厘清自己的思绪

有时候家人急于跟你争辩，但你没有那个心思，那就等你有时间思考清楚了再谈。

• 探亲和假日聚会

过年过节探亲实在充满太多变量，全家团聚的气氛可能温馨热闹；也有可能因为人多嘴杂，导致纷争不断；或是为了家庭和睦氛围，有人需要隐忍自己的不满与怒气。过年过节探亲会发生诸多意料之外的事，不过，成熟的大人自有一套面对处理的方式。

445
提早计划假期的时间分配

若你住得很远，甚至是远居海外，一年中你能与父母见面相处的时间，应该就只有较长的假期。但你可能还要趁这个时候，抽空跟家乡的老朋友见面叙旧，所以尽量先规划好每次回家的时间，询问家人是否有什么重要活动一定要参加，把那些时间先空下来留给家人，也告知哪些时间你会陪伴他们，哪些时间你有自己的事要处理。

事先分配与规划，才不会到最后搞得大家都不开心，可计划早上、下午都陪家人，晚上再与老朋友见面。

446

若你的父母离异，各自有了新家庭，不必勉强自己同时兼顾两边

若你在重要节日需要参加两边各自的家庭聚会，能够同时兼顾当然好！但若是没有办法，也不需要勉强自己，你已经是大人了，要两边都去，或是只参加其中一边的，还是两边都不参与，都由你决定。成熟的大人已经知道该如何规划，也早已学会为自己做决定。你不太可能照顾到所有人的心情，也不可能满足所有人的期望，所以做决定的时候，别勉强自己想出"要怎么让所有人都开心"。

447

重大节日时，像个成熟的大人负起责任吧

你已经不再是什么都等大人帮你准备好的小孩了，尤其是过年拜年或准备团圆饭，大家都忙得焦头烂额，你有能力就应该尽力帮忙。家里若举办交换礼物的活动，礼物也应该先包装好，不要等到最后一刻才跟妈妈要包装纸，搞得一阵混乱！别跟爱刁难人的亲戚计较，或发生正面冲突（第464步）。过年过节尽量随遇而安，全家其乐融融最重要！

448

回家过夜时，别给家人添麻烦

回父母家住时，特别容易恢复以前青少年时期的本性。尤其看见那张熟悉的床，享受父母都为你准备得好好的每一餐，可能就会不自觉犯了以前的恶习，例如把碗盘丢在桌子上不清理，或是在浴室待上老半天。

请把自己当成回家借住的好访客。收拾你弄乱的东西，帮忙清洗碗盘，采购生活必需品，煮早餐给家人吃。你回家是去做客的，不是当大爷，应该是你配合父母原本的生活习惯和作息，而不是由他们来配合你。别在浴室待上老半天，让其他人都没办法用，也别把湿毛巾丢在床上。离开之前，买些新鲜花束，放在餐桌上，让父母知道你已经懂事了，懂得感谢、懂得孝顺，不只是心不甘情不愿地尽义务而已。

449
若无法与父母好好相处，可选择住饭店或住朋友家

找些适当的理由，婉转地告诉父母："家里已经住了很多客人，我去住史蒂夫那里可能比较方便，他那里还有空的客房。"若是带伴侣一同回家，父母家又有养宠物，可说伴侣会对动物的毛过敏。

有时候根本找不到什么好理由，你当然也可以说实话："爸，我们每次住在一起好像都会吵架，最后不欢而散，但我还是很想看看您，我觉得住外面是最好的选择，见面时能和睦相处，也依然保有自己的空间。"

我们可能会害怕冲突，而不敢讲真话，不敢与父母沟通，但真的不需要为了符合社会期待配合演出，每个家庭适合不同的相处模式。

• 与父母同住

若暂时搬回家与父母同住，你要给自己一个期限，总不能一直赖在家里"啃老"。如果总是吃家里的、住家里的，很多事情就只能依照父母的决定，搬出去住，你才会比较有独立自主的机会。

当人生遭逢低潮，无论是失业、刚跟同居伴侣闹翻，还是刚毕业，需要花几个月的时间慢慢找工作，父母肯定都很愿意在这些时间帮你一把，让你暂时住在家。父母不会跟你计较太多，但你也要有所回馈，至少让他们看到你成熟和负责任的一面，并且表现出你有心找工作、找房子，父母也会比较安心。

450 搬回家与父母同住之前，先好好深谈彼此的期望

最好先讨论你什么时候会搬出去，譬如："某月之前我会另觅居所。"这种情况六个月是极限，最好是三个月之内就搬出去。不只是让父母知道你不会永远赖在家里当米虫，也是对自己的提醒。毕竟需要搬回父母家，应该是因为生活或经济上遇到什么困难，无法马上解决，但人都有一定程度的惰性，很有可能在父母家住下之后，就懒得再出去找房子了，所以，你必须为自己定下期限。

别忘了讨论开销的分配，总不能吃住都花父母的吧，你可以帮忙支付哪些费用？还有家事的分配呢？如同我朋友的聪明老爸艾伦所说，拿人手短，吃人嘴软，父母没有义务提供一个已经长大成人的孩子吃住花销，你接受了他们的协助，就要听他们的话。了解父母希望你能帮忙什么，能对家里或开销有何贡献，才有办法彼此沟通，相处起来也更为愉快。

451 父母家里的所有事物归他们管，但他们不能控制你的人生

搬回父母家，并不代表内心就回到小孩子的状态。无论他们的生活习惯跟你差异多大，也不管你有多不情愿，这个屋檐下的所有事物就归他们管，你必须配合他们。

但是，别忘了你已经是个成熟独立的大人，除了父母家中的事，其他还是要由你自己决定。

譬如说，父母讨厌你的男朋友。他们有权拒绝他来家里，父母不想见到他，但他们不能强迫你分手。一旦你出了家门，你就是个独立自主的人，自己掌控决定权，但回到家里，毕竟是借住父母家，就要放下这种傲气。

非金钱上的回馈

他们愿意让你回来住一阵子，对很多事情也都不会计较，有时候很难用言语向父母表达感谢之情，或是你本身就不善言辞，这时不妨用行动表达感谢，观察父母没办法做或不太想做的事，这些事就由你来代劳。

希拉说："这不是你欠他们的，但你可以借由这种方式，表达感谢之意，对父母的帮助心存感激。"

搬出去

迟早要搬出去的，早点找份收入稳定的工作，找个合适的室友，想办法租屋。相信自己，你做得到！

• 面对家庭新成员

家庭结构不是静止的，而是不断变动的，家庭成员会因为出生与死亡，或是婚姻状态的转换，而在你的身边来来去去。但值得庆幸的是，因为婚姻而多了一个家人，再加上婴儿来到这个世界，所以，通常新增的数量比失去的更多。

不论是面对家庭新成员，还是成为别人家的新成员，毕竟生长背景不同，总会有些不适应。如何表现得体、相处融洽，这就是人生必须学习的功课。

欢迎家中新成员

通常是因为结婚，让小两口彼此成为对方家庭的新成员，若你还没有结婚，你也可能有到朋友家过节的经验。有些朋友家可能很喜欢热闹，很欢迎你一同参与；也有些家庭对于外人较为淡漠，不太理睬，常常忽略你。

大家都知道被冷落的感觉多难受，所以，当家中因为有人结婚，出现新成员时，别忘了表现出欢迎的态度，可以透露一些你们家的小趣事、其他家族成员的生活习惯或特殊习性，但较为黑暗的那一面就无须多提。到一个新环境总是让人紧张不安，让对方更了解你们家庭的状况，应该能放松许多。

455 / 相信家人判断对象的眼光

谈到这一点，一定要提到我的朋友莫莉，她对这种事有深刻的见解，因为她从小到大就是在一个变动极大的家庭中长大的。即使经历了父母再婚，她还是能很正面地看待这些事，与继父母也处得很好。

她说："若你的父母亲再婚，尽量给予父母最大的支持与肯定，相信他们会再次获得幸福，也相信他们的选择。"

但若你真的很讨厌父母再婚的对象呢？

她说："我对我母亲的几任男友，其实一开始都看不顺眼，但真正相处过后，都会慢慢改观。"相处之后，才会知道哪些是因为你先入为主的偏见而让你不顺眼的人，哪些是真的会伤害你父母的人。"我最看重两点，这个人能否带给我妈幸福快乐、他对我的态度是否友善，别的事情都是其次。"

456 / 试着减少先入为主的观念，接受家中新成员

莫莉从小就是独生女，但她二十七岁那年，家里突然多了三个同母

异父的兄弟姐妹。

她说："我蛮幸运的，同母异父的兄弟姐妹都很好相处，他们也很喜欢我，我很快就融入他们了。可能因为我是独生女，一开始会对他们的热情有些防备心，但后来渐渐被他们的温暖真心所融化了，他们是这么乐意接纳我，我更应该打开心扉，感谢父母再婚，让我多了三个这么棒的兄弟姐妹。"

457
不一定要跟家中新成员变成知己

没必要勉强自己跟家中新成员变朋友，或是要一起出游，毕竟不是你跟他们结婚，只需要态度友善有礼就好。

458
若你真的对家人的结婚对象有所疑虑，告诉他们

选择沉默接受可能对家人更不好，到最后出问题，你会很后悔当初没说出来。但是，要怎么讲才不会伤害到他们呢？就如同提醒朋友不要沉沦一样（请见第310步），温和关切的口气绝对是基本的尊重。

459
不管父母的婚姻状态如何改变，你仍能与前继父或前继母联络

假如你父亲跟你的继母离婚，不代表你也要跟你的继母完全断绝任何关系与联系。不需要因为离婚，就与他们的配偶切割原本的亲戚关系，你们还是可以正常联络及相处。

莫莉就跟她的前继父时常联络，她说："我想，我就是来自一个非传统的家庭，家中成员来来去去，继父虽然不是我的亲生父亲，但我们

毕竟也是因为有缘，他才会成为我的继父，即使最后他们还是离婚了，也不是我跟他离婚，我们当然还是可以继续联络。"

460/ **身为家中新成员，尽量帮忙做些家事**

不妨向我一位有智慧的婶婶学习，她每次来参加我们家庭聚会的时候，都会帮忙做些事，不管是洗碗，还是整理桌子，反正就是不会闲着当大爷。

你也能成为好榜样，大家看你如此能干又体贴，不忍你一个人忙东忙西，肯定会一起来帮忙。

461/ **接受对方的观念与习惯差异，别多做评断**

婚姻不只是两个人的事，而是两个家庭的结合，对方原生家庭的背景可能与你不同，许多习惯或潜规则你还不懂，一不小心就会误触人家的地雷，抑或是在对方的家里常常感到孤单与失落。

比如对方家庭可能习惯讲话比较大声，你会以为他们怎么常互相咆哮；或是即使他们待在同一个空间，也完全零互动，埋首各做各的事。无论是哪种情况，双方成长家庭一定有诸多观念与习惯差异，但总会慢慢找到平衡点。

过程通常是，前几次相处，对很多事情你都摸不着头绪。第四次至第十次见面，还在慢慢摸索和学习。十几次之后，你应该就大致摸透对方家庭的习性了，也会比较有归属感。若对方家庭还是不接受你，或是你还是无法感受到归属感，这时候就要考验你的智慧了，思考哪个环节出了问题，努力破除你们之间的隔阂。

• 恼人的亲戚

某些亲戚只会拖垮其他家人，而你又无法完全回避他们。

亲戚有千百种，有些亲戚推心置腹、有忙就帮，非常有义气，而有些则是甩不掉的麻烦亲戚，常让其他人气得七窍生烟，甚至导致他人婚姻失和。

如同莫莉所说："蜕变成大人的过程中，你会慢慢分辨哪些关系会让你从中成长，而哪些又会伤得你体无完肤。"你要学会如何与恼人的亲戚划清界限、保持距离，这么做并不是要伤害对方或拒绝对方，而是希望借由时间与空间修补嫌隙，让你们未来的相处更融洽愉快。

462 / 别把亲戚的错误或堕落的责任都揽在自己身上

家中可能会有些脾性不好或自甘堕落的亲戚，你想骂醒他，不要再逃避现实；也想安慰他仍然有家人在身边，家人的理解与支持很重要；但有时候就是无能为力，家人好说歹说都没用，这时候别把他们的错都揽在自己身上。

你无法帮助他们戒除毒瘾或烟瘾，或是改变根深蒂固容易生气或暴怒的脾性，但你可以让自己不受影响；你无法改变他们，但你能掌控自己的人生，你不需要活在他们的阴影下，受操控、受辱骂，甚至还要低声下气地配合，让自己的人生被糟蹋。

你必须告诉自己，我不要再隐忍，既然讲不通，就不关我的事了，这是他自己的问题，没有任何人能帮他解决，他只能自己面对、处理。

看着深爱的家人沉沦，要你放手不管或许真的很难，但你总得先顾好自己，才有能力拉别人一把。

463

礼尚往来不该变成一种威胁

这招儿是希拉教我的。

她说:"即使对方是在骗你或是讲反话,你就把它们当真吧。若对方说:'我真的非常愿意为你做这些,小事一桩,就当是我送你的礼物吧,不需要报答我!'他们可能只是在讲客套话,但你就真的当他们这么想吧。"

对方之后若指责你忘恩负义、不知回馈,你就有理由为自己辩护了。对方说:"我之前帮了你这么多,为什么你不帮我这个忙?"你就可以回答:'你那时候说了,把它当作你送我的礼物。"礼尚往来和互相帮助是应该的,但这不该变成一种威胁。

464

不需要以其人之道还治其人之身

大家应该都了解这个道理,但真正遇到的时候,又咽不下这口气。家人或亲戚伤了你的感情,别采取与对方相同的态度或方法报复对方。这样的方法并不会让你比较好过,也无法真正解决你们之间的问题。

那你该如何响应对方的敌意?由于我们无法控制别人何时、为何对我们说出负面的话语,我们能做的就是别再做无意义的反击。

莱尼说:"别过于琢磨对方所说的激烈伤人的字眼,而是要仔细思考,对方真的有意伤害你吗?也许他只是想跟你沟通,但用错了方式?"

465

面对不愿沟通的人,学会保护自己

有些人愿意沟通,有些人则选择沉默、不沟通,还可能因为某些原因,特别是正在气头上的时候,对方完全听不进去你所说的话。

莱尼说："若你发现真的无法沟通，对方变得蛮横无理，只为了顾面子而强词夺理，譬如说，你无法让妈妈听你讲话，和妈妈始终无法达成共识，沟通转变成争执与口角，这时候你就停下吧，先学会保护自己，别让自己受到伤害。"

466 / 别轻易放弃沟通

我问过莱尼，若真的很难与朋友或家人沟通，那该怎么办？

她说："很多人早已发现彼此间意见交流越来越困难，但仍然选择放着不管，认为问题会自然消失。他们为何不早点开始谈？通常是不知道如何一起面对及解决问题，不知如何面对冲突，冲突使他们不知所措，到最后只能放弃沟通，而太久不沟通，就会考虑离婚或离开这个朋友，逃避面对。但有些关系不是说放弃就放弃，有些人值得我们努力挽回，即使争吵，也是一种沟通方式。你可以努力做任何尝试，就是别轻易放弃一段关系。"

467 / 不要因为家人的羁绊，而拖垮自己的人生

克丽丝特尔说："不能因为是自己的小孩或是与对方有血缘关系，就厚着脸皮成为对方的重担，我们都必须认识到对方有自己的人生。"

有时候一起生活太久，人会因为舒适与习惯，渐渐变得过度依赖，忘了该尊重家人，导致家人之间的牵绊以及无形之中的紧密关系令人窒息。若你真的尽了最大的努力修补关系，也试着接受咨询，彼此间的鸿沟还是无法跨越，那代表你们真的必须暂时分开，冷静一下。

只是暂时的，不需要永远避不见面。你不妨说："我必须去好好过我的人生，不能因为家人的羁绊，拖着我什么事都不能做，我们先暂时

分开冷静一下吧！"

468
为了维持家庭的幸福、美满，做出的种种努力绝对值得

家庭这个概念非常复杂，它不只是一个人的事，它牵涉到人类身为哺乳类动物深层又充满力量的原始特性。家庭是一种互相依赖、互相扶持的紧密关系，过去、现在与未来相互交织着，形成独特、无法取代的情感。所以，若家庭让你备感压力，内心充满无能与无力感，或是你对某个家人的行为感到无比失望，别忘了那些困扰你的事只是家庭能带给你的东西中非常非常小的一部分而已。还记得我们开始说的吗？在这个庞大的世界上，你是渺小的存在。但对爱你的那一部分人来说，你是独一无二的珍贵的存在。对你来说，他们也是如此。所以，我是说真的，快给你祖母打个电话吧。

"

一点小讨论

（1）什么事让你深深自责，觉得自己对妈妈很不孝？罪恶感有多深重？

（2）谁是家中的害群之马？他为什么是家中的害群之马？有办法开家庭会议，讨论如何解决这个害群之马的问题吗？

（3）你打电话给你的家人了吗？

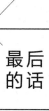

最后的话

　　看完本书，相信你已经知道如何成为一个成熟的大人了。当你学会成熟地照顾自己，善待身边的一切，以温柔的心去生活，你一定能收获独立、靠谱又有趣的人生。

　　最后，别忘了给你在意的人写一张感谢卡哟！

　　感谢阅读！

致谢

若是少了下列人士提供许多绝妙的建议、支持和意见，这本书可能只有十四页，根本不可能顺利完成。

首先感谢编辑梅雷迪思·海格提精湛的编辑功力，她提供了善意、中肯的修改建议，使得本书更臻完善。当然还要感谢作家经纪人布兰迪·鲍尔斯，她是除了梅雷迪思之外，另一个非常有才华的编辑。

感谢比尔·丘奇和米歇尔·麦克斯韦对我有无限的耐心，还有唐纳·包洛维兹和亚当·毕伦。

感谢鲁思·廖启发本书内容创作的灵感。感谢杰西卡·麦克斯韦、戴维·麦雷尼和唐纳·海恩斯，他们通过自身经验，给了我很多睿智的建议和极有参考价值的看法。

感谢威尔·布拉格提供许多很棒的图片，并感谢华纳图书的每一个人，包括执行编辑卡罗琳·柯瑞可、制作助理吉拉·洛伯、校对助理劳拉·乔斯塔德以及美编布里基德·皮尔逊，要感谢的人实在太多，在此无法一一提及。

感谢南希·卡费尔和瑞秋·诺曼提供了很多精彩有趣的例子和意见。感谢那些愿意参与编辑校正的人，包括莎拉·摩尔、乔斯·德维特、梅根·坎德尔、安德鲁·高特、沙德拉·贝斯利、埃琳·萨林和伊丽莎白·弗雷。

感谢下列这些人愿意花时间教我如何成为成熟的大人，包括邦尼·特兰伯尔、艾伦和卡罗尔·卡普兰、吉利安·克莱默、查理·布莱斯、康拉德·梵帝、罗恩·科勒、戴维·罗萨莱斯、卡罗尔·柯里、玛莉萨·范·戴克、卡伦·瓦尔、巴拉特·夏尔马、苏珊·吉尔伯、贾森·塞伯特、尚特尔·奥斯汀、克里斯和史蒂夫·海陶尔、莫莉·沃恩、斯塔西·达克斯、莎恩·罗森布拉特、布列塔尼·利普斯科姆、克里斯汀·莱普斯科克、克里斯蒂娜·奥尔森、蒂娜·赫尔哈特、萨姆·哈特、辛迪·杰克森、莎拉·冯·巴根、玛丽·亨德森、本·兰丁、贾里德·梅森、莱尼·凯贝尔、克丽丝特尔·马托克斯、希拉·华蒂、凯尔·塞克斯顿和唐纳·麦可。

感谢f/Stop的赞助，还有IKE Box的马克和蒂凡妮·布尔金，以及Salem的每一位。感谢我所有聪颖的博客读者，提供了如此多聪明的建议，书中许多部分也是由读者宝贵的意见所发散。感谢我的朋友（大部分都已提及）包容我为了忙着写书而疏于联络。最后，感谢我的父母、奥利维亚、伊丽莎白和戴维。

图书在版编目（CIP）数据

再忙也要用心生活 /（美）凯莉·威廉斯·布朗著；冯郁庭，藤堂非译. 一北京：北京联合出版公司，2018.7（2020.2重印）

ISBN 978-7-5596-2180-1

Ⅰ. ①再… Ⅱ. ①凯… ②冯… ③藤… Ⅲ. ①人生哲学－通俗读物 Ⅳ. ①B821-49

中国版本图书馆CIP数据核字（2018）第115428号

北京市版权局著作权合同登记号：01-2018-4362号

ADULTING: HOW TO BECOME A GROWN-UP IN 468 EASY(ISH) STEPS by Kelly Williams Brown
Published by agreement with Bloxom LLC through Andrew Nurnberg Associates International Limited.

再忙也要用心生活

作　者：（美）凯莉·威廉斯·布朗　　　译　者：冯郁庭　藤堂非
责任编辑：楼淑敏　　　　　　　　　　特约编辑：丛龙艳
产品经理：元气社（包包　小舞）　　　版权支持：张　婧

北京联合出版公司出版
（北京市西城区德外大街83号楼9层　100088）
北京联合天畅发行公司发行
天津光之彩印刷有限公司印刷　新华书店经销
字数 250千字　880mm×1230mm　1/32　印张 9.5
2018年7月第1版　2020年2月第7次印刷
ISBN 978-7-5596-2180-1
定价：48.00元